国防科技图书出版基金

有限容量电力系统三相桥式整流功率因数校正

Power Factor Correction of Three – Phase
Full – Bridge Rectifier in Limited
Capacity Power System

张少如 解璞 王利军 杜秀菊 著

国防工业出版社

·北京·

图书在版编目(CIP)数据

有限容量电力系统三相桥式整流功率因数校正/张少如等著.—北京:国防工业出版社,2022.6
ISBN 978－7－118－12491－0

Ⅰ.①有… Ⅱ.①张… Ⅲ.①整流系统－功率因数校正 Ⅳ.①TM714.1

中国版本图书馆 CIP 数据核字(2022)第 076165 号

※

*国防工业出版社*出版发行
(北京市海淀区紫竹院南路 23 号 邮政编码 100048)
北京虎彩文化传播有限公司印刷
新华书店经售

*

开本 710×1000 1/16 印张 12¼ 字数 200 千字
2022 年 6 月第 1 版第 1 次印刷 印数 1—1000 册 定价 99.00 元

(本书如有印装错误,我社负责调换)

| 国防书店:(010)88540777 | 书店传真:(010)88540776 |
| 发行业务:(010)88540717 | 发行传真:(010)88540762 |

致 读 者

本书由中央军委装备发展部**国防科技图书出版基金**资助出版。

为了促进国防科技和武器装备发展，加强社会主义物质文明和精神文明建设，培养优秀科技人才，确保国防科技优秀图书的出版，原国防科工委于1988年初决定每年拨出专款，设立国防科技图书出版基金，成立评审委员会，扶持、审定出版国防科技优秀图书。这是一项具有深远意义的创举。

国防科技图书出版基金资助的对象是：

1. 在国防科学技术领域中，学术水平高，内容有创见，在学科上居领先地位的基础科学理论图书；在工程技术理论方面有突破的应用科学专著。

2. 学术思想新颖，内容具体、实用，对国防科技和武器装备发展具有较大推动作用的专著；密切结合国防现代化和武器装备现代化需要的高新技术内容的专著。

3. 有重要发展前景和有重大开拓使用价值，密切结合国防现代化和武器装备现代化需要的新工艺、新材料内容的专著。

4. 填补目前我国科技领域空白并具有军事应用前景的薄弱学科和边缘学科的科技图书。

国防科技图书出版基金评审委员会在中央军委装备发展部的领导下开展工作，负责掌握出版基金的使用方向，评审受理的图书选题，决定资助的图书选题和资助金额，以及决定中断或取消资助等。经评审给予资助的图书，由中央军委装备发展部国防工业出版社出版发行。

国防科技和武器装备发展已经取得了举世瞩目的成就，国防科技图书承担着记载和弘扬这些成就，积累和传播科技知识的使命。开展好评审工作，使有限的基金发挥出巨大的效能，需要不断摸索、认真总结和及时改进，更需要国防科技和武器装备建设战线广大科技工作者、专家、教授，以及社会各界朋友的热情支持。

让我们携起手来，为祖国昌盛、科技腾飞、出版繁荣而共同奋斗！

国防科技图书出版基金
评审委员会

国防科技图书出版基金
2018 年度评审委员会组成人员

主　任　委　员　吴有生
副主任委员　郝　刚
秘　书　长　郝　刚
副秘书长　许西安　谢晓阳
委　　　　员　才鸿年　王清贤　王群书　甘茂治
（按姓氏笔画排序）甘晓华　邢海鹰　巩水利　刘泽金
　　　　　　　　孙秀冬　芮筱亭　杨　伟　杨德森
　　　　　　　　肖志力　吴宏鑫　初军田　张良培
　　　　　　　　张信威　陆　军　陈良惠　房建成
　　　　　　　　赵万生　赵凤起　唐志共　陶西平
　　　　　　　　韩祖南　傅惠民　魏光辉　魏炳波

前　言

随着科技的发展，电子设备在电力系统中的使用越来越多，大量整流器、变频器、脉冲宽度调制（PWM）变流器出现在有限容量电力系统中。传统的整流环节广泛采用二极管不控整流电路和晶闸管相控整流电路，向电网注入了大量的谐波及无功功率，造成了严重的电力污染，提高有限容量电网侧功率因数及降低输入电流谐波成为一个亟待解决的问题。但是，目前国内外尚无系统阐述这一方面的专著。有限容量电力系统三相桥式整流电路的功率因数校正技术正是通过多种控制手段，实现有限容量电力系统功率因数校正、减小电网谐波。而且，此技术特别适用于负载多变时的情况，如加载、减载过程中，依然能够使用电设备的输入电流与电压相位保持一致，电网谐波畸变小，所有设备都正常运行。

本书以装备电力系统三相桥式整流电路为对象，从拓扑结构和控制策略两个方面着手进行详细阐述。在拓扑结构方面，主要从工作原理、数学模型等方面进行论述，揭示了功率因数补偿的本质。在控制策略方面，分别利用低频控制、高频控制、滞环控制、基于功率平衡理论控制和综合考虑各项性能指标的控制方法对单位功率因数三相桥式整流的双向开关进行控制，使有限容量电网的功率因数提高、谐波畸变减小。针对负载发生突变时，直流侧电压的波动问题，提出了改进的自适应控制算法，通过修改二次性能指标控制直流侧电压，使直流侧电压的瞬态响应性能得到改善。

本书凝聚了作者多年的科研和实践成果，并得到了国家重大科技基础设施建设项目子课题"高海拔宇宙线观测站 – LHAASO – KM2A 电源系统研制"、国家自然科学基金项目"风 – 光 – 柴互补供电模态协调及混合控制研究"、中国博士后基金项目"军用电站雷电过电压影响因素及抑制方法研究"、河北省重点研发计划项目"高能效并网光伏逆变器关键技术研究""先进储能集成控制关键技术研究""军民两用永磁同步电机关键技术研究"等多个纵向基金的大力支持。在成稿过程中，张少如教授负责全书各章节的统筹安排，并撰写了第 4、5、6、7、8 章内容，解璞博士负责第 1、2 章内容的撰写，王利军高级工程师负责撰写第 3 章内容并负责书中插图部分，杜秀菊博士负责撰写第 9 章内容。

在本书的撰写过程中，中国科学院电工所电力电子专家宁圃奇、新加坡南洋理工大学 IEEE Fellow Luo Fang Lin 教授也给予了多方面的支持。感谢功率因数校正研究领域的众多学者和工程技术专家！他们出色的工作给了我们很多启发与帮助。感谢课题组参加编写工作的老师张艳华、孙秀玉、武静，感谢参与本书校对工作的研究生周冉、刘洋、刘笑言、闫慧、李沫，他们对本书的出版做出了贡献，对他们的工作深表谢意。

由于水平有限，书中疏漏和不当之处在所难免，恳请读者批评指正。

作者
2021 年 10 月于石家庄

目 录

第1章 绪论 ... 1
1.1 背景及意义 ... 1
1.2 谐波与功率因数 ... 2
1.2.1 功率因数的定义 ... 3
1.2.2 谐波及其与功率因数的关系 ... 4
1.2.3 高次谐波电流含量 ... 5
1.2.4 有关谐波标准 ... 5
1.3 功率因数校正 ... 7
参考文献 ... 23

第2章 有限容量电力系统的谐波特性分析 ... 24
2.1 有限容量电力系统概述 ... 24
2.1.1 有限容量电力系统的定义 ... 24
2.1.2 有限容量电力系统的特点 ... 25
2.2 装备电力系统谐波源分析 ... 26
2.2.1 装备电力系统典型谐波源分析 ... 27
2.2.2 整流型负荷对装备电力系统的影响 ... 30
2.2.3 装备应用整流电路的技术特征 ... 32
2.3 装备应用整流电路拓扑 ... 33
2.3.1 二极管整流 ... 34
2.3.2 相控整流 ... 34
2.3.3 PWM整流 ... 35
2.4 装备典型整流电路谐波分析 ... 36
2.4.1 装备电力系统与民用电网谐波特性比较 ... 37
2.4.2 单相桥式不可控整流电路谐波分析 ... 40
2.4.3 三相桥式不可控整流电路谐波分析 ... 41
2.4.4 三相桥式全控整流电路谐波特性分析 ... 42
参考文献 ... 45

第3章 单位功率因数三相桥式整流 ... 46

3.1	单位功率因数三相桥式整流	46
	3.1.1 整流电路的拓扑结构	46
	3.1.2 整流电路的工作原理	47
3.2	直流侧中点电位和工作性能分析	49
	3.2.1 直流侧中点电位	49
	3.2.2 工作性能分析	50
	参考文献	53

第4章 低频控制方式 54

4.1	低频控制算法	54
	4.1.1 变换器工作在轻载下	54
	4.1.2 变换器工作在重载下	59
	4.1.3 控制器设计	60
	4.1.4 开关的电压电流应力	60
4.2	实验验证	61
	4.2.1 仿真验证	62
	4.2.2 实验验证	66
4.3	三相电压不平衡供电	72
	4.3.1 仿真验证	73
	4.3.2 实验验证	75
	参考文献	79

第5章 滞环电流控制 80

5.1	滞环电流控制方式	81
	5.1.1 三相桥式整流的数学模型	81
	5.1.2 滞环电流控制	83
	5.1.3 开关的电压电流应力	88
	5.1.4 控制器设计	89
5.2	基于滞环电流控制的同步参考模型	98
	5.2.1 变换器的工作原理及控制器设计	98
	5.2.2 实验验证	102
	参考文献	109

第6章 变滞环宽度的电流控制方式 111

6.1	平均电流控制与滞环电流控制	111
	6.1.1 平均电流控制	111
	6.1.2 仿真与实验	112
6.2	变滞环宽度的电流控制方式	117

  6.2.1 变滞环宽度的电流控制策略 ·· 117
  6.2.2 控制器设计 ·· 121
  6.2.3 仿真与实验 ·· 122
 参考文献 ·· 131

第 7 章 基于功率平衡理论的控制方式 ·· 132
 7.1 双向开关的工作模式与数学模型 ·· 132
  7.1.1 工作模式及拓扑 ·· 132
  7.1.2 数学模型 ··· 139
 7.2 基于功率平衡理论的控制 ·· 140
  7.2.1 功率平衡理论控制算法 ·· 141
  7.2.2 控制器结构设计 ·· 143
  7.2.3 仿真与实验 ·· 144
 参考文献 ·· 150

第 8 章 综合考虑各项指标的控制方法 ·· 152
 8.1 补偿电流控制 ·· 152
  8.1.1 补偿电流控制 ·· 152
  8.1.2 优化参考补偿电流理论 ·· 155
 8.2 电流补偿器的增益和相位延迟的约束问题 ······························· 158
  8.2.1 根据谐波标准的各种约束 ·· 158
  8.2.2 目标函数 ··· 159
 8.3 综合考虑各项指标的控制方法 ·· 160
  8.3.1 控制系统框图 ·· 160
  8.3.2 控制器设计 ·· 161
  8.3.3 仿真与实验 ·· 162
 参考文献 ·· 166

第 9 章 直流侧电压的简单自适应控制 ·· 167
 9.1 直流侧电压的简单自适应控制算法 ··· 168
  9.1.1 简单自适应控制算法 ··· 168
  9.1.2 具有二次性能指标的简单自适应控制算法 ····················· 170
  9.1.3 直流侧电压的简单自适应控制 ·· 172
 9.2 仿真与实验 ·· 172
  9.2.1 负载增加时的情况 ··· 173
  9.2.2 负载减小时的情况 ··· 174
 参考文献 ·· 178

Contents

Chapter 1 Introduction ⋯ 1
  1.1 Background and significance ⋯ 1
  1.2 Harmonics and power factor ⋯ 2
    1.2.1 Definition of power factor ⋯ 3
    1.2.2 Harmonics and the relationship with power factor ⋯ 4
    1.2.3 Higher harmonic current content ⋯ 5
    1.2.4 About harmonic standards ⋯ 5
  1.3 Power factor correction techniques ⋯ 7
  References ⋯ 23

Chapter 2 Analysis of harmonic characteristics of limited capacity power system ⋯ 24
  2.1 Introduction of limited capacity power system ⋯ 24
    2.1.1 Definition of limited capacity power system ⋯ 24
    2.1.2 Features of limited capacity power system ⋯ 25
  2.2 Harmonic source analysis of equipment power system ⋯ 26
    2.2.1 Analysis of typical harmonic sources of equipment power system ⋯ 27
    2.2.2 Impact of rectified load on equipment power system ⋯ 30
    2.2.3 Technical characteristics of rectifier circuit in equipment ⋯ 32
  2.3 Rectifier circuit topology in Equipment ⋯ 33
    2.3.1 Diode rectifier ⋯ 34
    2.3.2 Phase – controlled rectifier ⋯ 34
    2.3.3 PWM rectifier ⋯ 35
  2.4 Harmonic analysis of typical rectifier in equipment ⋯ 36
    2.4.1 Comparison of harmonic characteristics between equipment power system and civil power grid ⋯ 37
    2.4.2 Harmonic analysis of single – phase bridge uncontrollable

    rectifier ··· 40
  2.4.3 Harmonic analysis of three – phase full – bridge uncontrollable
    rectifier ··· 41
  2.4.4 Analysis of harmonic characteristics of three – phase full – bridge
    controlled rectifier ··· 42
 References ··· 45

Chapter 3 Unit power factor three – phase full – bridge rectifier ······ 46
 3.1 Unit power factor three – phase full – bridge rectifier ················ 46
  3.1.1 Topology of rectifier ··· 46
  3.1.2 Operation principle of rectifier ····································· 47
 3.2 Analysis of DC – link midpoint voltage and operating performance ··· 49
  3.2.1 DC – link midpoint voltage ··· 49
  3.2.2 Analysis of operating performance ······························· 50
 References ··· 53

Chapter 4 Low frequency control mode ································· 54
 4.1 Low frequency control algorithm ·· 54
  4.1.1 Converter works under light load ·································· 54
  4.1.2 Converter works under heavy load ································ 59
  4.1.3 Controller design ··· 60
  4.1.4 Voltage and current stress of the switch ························· 60
 4.2 Experimental verification ··· 61
  4.2.1 Simulation results ·· 62
  4.2.2 Experimental verification ·· 66
 4.3 Three – phase voltage unbalanced power supply ························· 72
  4.3.1 Simulation results ·· 73
  4.3.2 Experimental verification ·· 75
 References ··· 79

Chapter 5 Hysteresis current control ······································· 80
 5.1 Hysteresis current control mode ··· 81
  5.1.1 Mathematical model of three – phase full – bridge rectifier ········ 81
  5.1.2 Hysteresis current control ·· 83
  5.1.3 Voltage and current stress of the switch ························· 88
  5.1.4 Controller design ··· 89
 5.2 Synchronous reference model based on hysteresis current control ······· 98

  5.2.1 Converter Operation principle and controller design 98
  5.2.2 Experimental verification 102
 References 109

Chapter 6 Current control methods with variable hysteresis band ... 111
 6.1 Average current control and hysteresis current control 111
  6.1.1 Average current control 111
  6.1.2 Simulation and experiment 112
 6.2 Current control methods with variable hysteresis band 117
  6.2.1 Current control strategy with variable hysteresis band 117
  6.2.2 Controller design 121
  6.2.3 Simulation and experiment 122
 References 131

Chapter 7 Control method based on power balance theory 132
 7.1 Operating mode and mathematical model of bidirectional switch ... 132
  7.1.1 Operating mode and topology 132
  7.1.2 Mathematical model 139
 7.2 Control method based on power balance theory 140
  7.2.1 Power balance theory control algorithm 141
  7.2.2 Controller structure design 143
  7.2.3 Simulation and experiment 144
 References 150

Chapter 8 Control methods taking into account various indicators 152
 8.1 Compensation current control 152
  8.1.1 Compensation current control 152
  8.1.2 Optimized reference compensation current theory 155
 8.2 Constraints on gain and phase delay of current compensators 158
  8.2.1 Various constraints according to harmonic standards 158
  8.2.2 Objective function 159
 8.3 Control methods taking into account various indicators 160
  8.3.1 Control system block diagram 160
  8.3.2 Controller design 161
  8.3.3 Simulation and experiment 162
 References 166

Chapter 9　Simple adaptive control of DC – link voltage ········· 167

9.1　Simple adaptive control algorithm for DC – link voltage ············· 168

9.1.1　Simple adaptive control algorithm ································· 168

9.1.2　Simple adaptive control algorithm with quadratic performance index ··· 170

9.1.3　Simple adaptive control of DC – link voltage ···················· 172

9.2　Simulation and experiment ··· 172

9.2.1　The load increases ··· 173

9.2.2　The load decreases ·· 174

References ··· 178

第1章 绪 论

1.1 背景及意义

电能应用领域已渗透到军事活动的各个方面,"安全、可靠、优质"的电能供给是保证装备作战效能发挥的关键。装备电力系统作为武器装备的能量保障,其性能直接制约着武器装备作战效能的发挥。

为了满足各种装备用电负载或设备的要求,或者为了提高电能使用的效率,许多装备用电负荷首先将交流50Hz的柴油发电机组发出的交流电通过交流－直流(AC－DC)功率变换器变换成直流电能,然后再转换成其他电压等级的直流或其他频率的交流电能,这种将交流50Hz的市电转换成直流电压的装置称为AC－DC功率变换器,通常称为整流器。

在电力电子装置中,整流器作为装置与电源的接口,在装备中占有相当大的比例。目前最常用的是电容滤波型三相桥式整流电路,这种方法虽然可以得到半波输入电压,但输入电流却发生了严重的失真,这种畸变的电流含有丰富的谐波成分,谐波的存在会使功率因数降低到0.6左右[1],装备电力系统中电压和电流波形的严重失真影响了电能质量、输电效率和设备的安全运行与正常使用。

同时谐波电流的"二次效应"使装备电力系统中电压波形也发生畸变并损坏电气设备,致使电路故障;在装备三相四线制电力系统中,三次谐波在中线中的电流同相位,合成中线电流很大,可能超过相电流,中线又无保护装置,使中线因过热而引起火灾并损坏电气设备。谐波污染危害变得日益严重,引起电源输出的电压波形发生畸变,导致电能质量严重下降,甚至危害到装备电力系统中设备和武器系统的正常工作,因此提高装备电网侧的功率因数以及降低输入电流谐波成为一个亟待解决的问题。

为了限制整流设备对电力系统的污染,从1992年起国际上的学术组织已经提出了对谐波的限制标准,如IEC 555－2《家用电器及其类似电气设备在供电系统产生的干扰 第二部分:谐波》、IEEE－519《IEEE对电功率系统中谐波控制的要求和推荐标准》、IEC 1000－3《电磁兼容性 第三部分:限值》等。我国也颁布了GB/T 24337—2009《电能质量公用电网谐波》标准,对不同的用电设备制定了相应的谐波限制标准[2]。

解决用电设备谐波污染的主要途径有两种：

（1）增设补偿装置（有源滤波器和无源滤波器）以补偿电力电子设备、装置产生的谐波；

（2）限制接入电网的每一台电力电子装置谐波电流，即采用功率因数校正（power factor correction，PFC）技术。

相比较而言，第二种途径是更积极的方式[3]，能从根源上消除谐波电流，功率因数校正技术已成为改善电力电子装置的谐波水平和功率因数的重要手段，是电力电子领域研究的一个热点方向[4]。随着人们对电能质量和电力环境的意识逐步增强，有源功率因数校正技术将在装备中获得更加广泛的应用。

随着装备电气化程度的提高，装备负荷结构发生了显著变化，整流器等电力电子装置广泛应用到装备中。装备电力系统是典型的独立、有限容量、非线性系统，整流装置使得系统中非线性成分的增大，造成波形严重畸变及功率因数降低等问题。

因此，提高装备电力系统中整流型负荷的功率因数以及降低输入电流谐波成为一个亟待解决的问题。三相桥式整流的功率因数校正技术正是通过多种控制手段，实现装备电力系统功率因数校正、减小装备电力系统谐波的措施。

1.2　谐波与功率因数

国际上公认的谐波含义为："谐波是一个周期电气量的正弦波分量，其频率为基波频率的整数倍"[5]。它明确了谐波次数 n 必须是一个正整数。由于谐波是其基波的整数倍，故也常称为高次谐波。高次谐波产生的根本原因是电力系统中某些设备和负荷的非线性特性，即所加的电压和产生的电流不成线性关系而造成的波形畸变。

常用整流电路的拓扑、输入和输出电压、输入电流及其各次谐波如图1.1所示。图1.1（a）为常用整流电路的拓扑，电子设备的整流部分通常采用二极管桥式整流，一般后接一个较大的滤波电容，可以得到波形较为平直的直流电压源，如图1.1（b）所示，其中整流-电容滤波电路是一种非线性元件和储能元件的组合：当交流输入电压的绝对值低于直流侧电压时，负载所需的电能由储能电容提供，交流电压源本身并不提供电流；当交流输入电压的绝对值高于直流侧电压时，交流电压源直接向储能电容充电。因此，尽管输入的交流电压是正弦波，但是输入的交流电流却呈脉冲状，波形严重畸变，如图1.1（b）所示，因此电源的输入功率因数很低（大约为0.6）。由此可见，如果大量地应用这种整流电路，则会为装备电力系统提供严重畸变的非正弦电流。这些脉冲状输入电流中含有大量的电流谐波，如图1.1（c）所示。

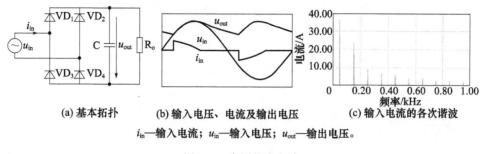

(a) 基本拓扑　　(b) 输入电压、电流及输出电压　　(c) 输入电流的各次谐波

i_{in}—输入电流；u_{in}—输入电压；u_{out}—输出电压。

图 1.1　常用整流电路

1.2.1　功率因数的定义

要正确认识、分析并解决整流等电力电子装置带来的谐波污染和无功问题，首先应明确功率因数的基本概念。

在电工原理中，对于线性电路，功率因数(power factor,PF)可以直接用正弦电压和正弦电流之间的相位差 φ 来计算和表示，定义为

$$\mathrm{PF} = \cos\varphi \tag{1.1}$$

如果整流桥后面没有并联的滤波电容，而是直接与纯阻性负载相连，则电压和电流之间的相位差为 0，功率因数是 1。因此，功率因数校正技术的本质，就是要使用电设备的输入端对输入电网呈现"纯阻性"，也就是要使输入电流和输入电压之间的相位相同。另一方面，从能量传输的角度来讲，功率因数校正技术就是要使用电设备的输入端只从输入电网中汲取能量，而不要将能量重新反馈回输入电网。

在整流电路中，尽管输入电压为正弦波，但是输入电流却为严重畸变的非正弦电流(图 1.1(b))，因此线性电路中的功率因数计算方法不再适用。假设输入电压波形为 $u_{in}(t)$，其周期为 T，输入电流波形为 $i_{in}(t)$，则功率因数定义为

$$\mathrm{PF} = \frac{\text{有功功率}}{\text{视在功率}} \tag{1.2}$$

式中：有功功率(P_{eff})为

$$P_{eff} = \frac{1}{T} \cdot \int_0^T u_{in}(t) \cdot i_{in}(t) \cdot \mathrm{d}t \tag{1.3}$$

视在功率(P_{view})为输入电压有效值和输入电流有效值的乘积，即

$$P_{view} = \sqrt{\frac{1}{T} \cdot \int_0^T u_{in}(t)^2 \cdot \mathrm{d}t} \cdot \sqrt{\frac{1}{T} \cdot \int_0^T i_{in}(t)^2 \cdot \mathrm{d}t} \tag{1.4}$$

将式(1.4)和式(1.3)代入式(1.2)中,则功率因数可以表示为

$$PF = \frac{\int_0^T u_{in}(t) \cdot i_{in}(t) \cdot dt}{\sqrt{\int_0^T u_{in}(t)^2 \cdot dt} \cdot \sqrt{\int_0^T i_{in}(t)^2 \cdot dt}} \quad (1.5)$$

假设输入电压的波形为正弦波,即

$$u_{in}(t) = \sqrt{2} U_i \cdot \sin\left(\frac{2\pi}{T} \cdot t\right) \quad (1.6)$$

式中:U_i 为输入电压的有效值。

而输入电流 $i_{in}(t)$ 为非正弦,则通过傅里叶变换可以将输入电流表示为

$$i_{in}(t) = \sum_{n=1}^{\infty} \sqrt{2} I_n \cdot \sin\left(\frac{2\pi}{T} nt + \varphi_n\right) \quad (1.7)$$

式中:I_n 为各次谐波的有效值;φ_n 为各次谐波与基波之间的相位差。利用三角函数的正交特性,将式(1.7)代入式(1.3)和式(1.5)可以计算出有功功率和功率因数,分别如下:

$$P_{eff} = \frac{U_i \cdot I_1 \cdot \cos\varphi_1}{2} \quad (1.8)$$

$$PF = \frac{I_1}{\sqrt{\sum_{n=1}^{\infty} I_n^2}} \cdot \cos\varphi_1 \quad (1.9)$$

式(1.9)右边的系数项 $\left(I_1 / \sqrt{\sum_{n=1}^{\infty} I_n^2}\right)$ 称为畸变因数(distortion factor),它表示了基波电流有效值(一次谐波电流有效值为 I_1)在总的输入电流有效值 $\sqrt{\sum_{n=1}^{\infty} I_n^2}$ 中所占的比例;右边第二项($\cos\varphi_1$)称为相位移因数(displacement factor,DPF)。功率因数是畸变因数和相位移因数的乘积,很显然,当输入电流与输入电压是同频、同相的正弦波时,PF = 1。

1.2.2 谐波及其与功率因数的关系

由式(1.7)可知,非正弦的输入电流可以通过傅里叶变换分解为一系列的谐波,其中基波电流(一次谐波电流)是与输入电压同频的正弦波,为了衡量高次谐波对总输入电流的影响,定义了总谐波畸变率(total harmonic distortion,THD),由式(1.10)确定。

$$\text{THD} = \frac{\text{高次谐波电流分量的总有效值}}{\text{基波电流的有效值}} \tag{1.10}$$

由式(1.7)可以计算出

$$\text{THD} = \frac{\sqrt{\dfrac{1}{T} \cdot \int_0^T \left[\sum_{n=2}^{\infty} I_n \cdot \sin\left(\dfrac{2\pi}{T}nt + \varphi_n\right)\right]^2 \cdot \mathrm{d}t}}{\sqrt{\dfrac{1}{T} \cdot \int_0^T \left[I_1 \cdot \sin\left(\dfrac{2\pi}{T}t + \varphi_1\right)\right]^2 \cdot \mathrm{d}t}}$$

$$= \sqrt{\sum_{n=2}^{\infty} I_n^2} \Big/ I_1 \tag{1.11}$$

如果基波电流与输入电压之间的相位差为 0，即 $\varphi_1 = 0$，由式(1.9)可得

$$\text{PF} = \frac{1}{\sqrt{1 + \text{THD}^2}} \tag{1.12}$$

这便是功率因数与总谐波畸变率之间的关系，当 THD≤5% 时，功率因数可以控制在 0.999 左右。必须注意的是，上式的关系仅当输入电压为正弦波，且输入电流的基波与输入电压之间的相位差为 0 时才成立。对于更为普遍的情况，功率因数应该由式(1.5)来直接计算得到，而总谐波畸变率应通过频谱分析由式(1.11)计算得到。

1.2.3 高次谐波电流含量

高次谐波电流含量用于描述每一个高次谐波(2 次谐波及更高次的谐波)电流对基波(1 次谐波)电流的影响。n 次谐波含量的定义如下：

$$h_n = \frac{\text{输入电流中 } n \text{ 次谐波的有效值}}{\text{输入电流基波的有效值}} = \frac{I_n}{I_1} \tag{1.13}$$

在通常情况下，电路系统中输入电压和输入电流之间存在一定的关联关系，高次电流谐波中奇次谐波的含量和影响大于偶次谐波的含量和影响，其中一般又以 3 次谐波的含量最大；偶次谐波中一般只有 2 次谐波较大。因此，在描述一个电路系统的输入电流中的高次电流谐波含量时，可以只选取 2 次、3 次、5 次、7 次谐波来计算其含量以描述高次电流谐波含量的影响。

1.2.4 有关谐波标准

为了保障供电质量和用电负荷的安全经济运行，国际上相关学术组织都制定了相应的谐波限制标准，如欧盟提出的 EN50160《公用配电系统供电特性》标准、美国提出的 IEEE 519 标准和国际电工委员会提出的 IEC 61000-2《电磁兼

容(EMC)第二部分》标准等[6-7]。而我国相关方面也有 GB 17625.1—1998《低压电气及电子设备发出的谐波电流限制(每相输入谐波电流不大于 16A)》标准和 GB/T 24337—2009《电能质量公用电网谐波》标准等。

《电能质量公用电网谐波》标准,对于不同电压等级的公用电网,允许电压谐波畸变也不相同。电压等级越高,谐波限制越严格。另外,对偶次谐波的限制也要严于对奇次谐波的限制。表 1.1 给出了公用电网谐波电压的限值。

表 1.2 是注入公共连接点的谐波电流允许值。《电能质量公用电网谐波》标准规定,公用电网公共连接点的全部用户向该点注入的谐波电流分量(方均根值)不应超过表 1.2 中规定的允许值。

表 1.1 公用电网谐波电压的限值

电网标准电压/kV	THD/%	谐波电压含有率/%	
		奇	偶
0.38	5.0	4.0	2.0
6/10	4.0	3.2	1.6
35/66	3.0	2.4	1.2
110	2.0	1.6	0.8

表 1.2 注入公共连接点的谐波电流允许值

标准电压/kV	基准短路容量/(MV·A)	谐波次数												
		2	3	4	5	6	7	8	9	10	11	12	13	14	15
0.38	10	78	62	39	62	26	44	19	21	16	28	13	24	11	12
6	100	43	34	21	34	14	24	11	11	8.5	16	7.1	13	6.1	6.8
10	100	26	20	13	20	8.5	15	6.4	6.8	5.1	9.3	4.3	7.9	3.7	4.1
35	250	15	12	7.7	12	5.1	8.8	3.8	4.1	3.1	5.6	2.6	4.7	2.2	2.5
66	500	16	13	8.1	13	5.4	9.3	4.1	4.3	3.3	5.9	2.7	5.0	2.3	2.6
110	750	12	9.6	6.0	9.6	4.0	6.8	3.0	3.2	2.4	4.3	2.0	3.7	1.7	1.9

开关电源已成为电网最主要的谐波污染源之一。为了抑制 AC-DC 变换装置输入端高次谐波电流对电网产生的污染,保证电网的供电质量,提高电网的可靠性,提高变换装置的功率因数,以达到有效利用电能的目的,必须把 AC-DC 变换装置的谐波限制在一定的范围之内。一些世界性学术组织或国家已经颁布(或实施)了一些输入电流谐波限制标准,如 IEC 555-2、IEEE 519、IEC 1000-3 等。我国国家技术监督局早在 1993 年颁布了国家标准 GB/T 14549—1993《电能质量公用电网谐波》。国际电工委员会(international electrotechnical commission,IEC)于 1998 年对谐波标准 IEC 555-2 进行了修订,并且另外制定了 IEC 61000-3《电磁兼容 第三部分:限值》标准,对不同的用电设备制定了相

应的谐波要求标准[8]。

表 1.3 是 IEEE 519 类谐波标准，它规定了电力电子设备以及其他非线性负载输入电流谐波含量的相对值，同时也给出了高次谐波的最大值限定。表中，I_{sc} 和 I_1 分别为注入电网时整流器与公共电网连接处（point of common coupling，PCC）的最大短路电流和基波电流。

表 1.3 IEEE 519 类谐波标准

I_{sc}/I_1	高次电流谐波含量(I_n/I_1)/%					THD/%
	$n<11$	$11 \leq n<17$	$17 \leq n<23$	$23 \leq n<35$	$35 \leq n$	
<20	4.0	2.0	1.5	0.6	0.3	5.0
20~50	7.0	3.5	2.5	1.0	0.5	8.0
50~100	10.0	4.5	4.0	1.5	0.7	12.0
100~1000	12.0	5.5	5.0	2.0	1.0	15.0
>1000	15.0	7.0	6.0	2.5	1.4	20.0

传统的二极管和晶闸管整流电路因为谐波远远超标而面临前所未有的挑战。功率因数和总谐波畸变率的两个典型值分别为 0.72 和 30%。根据 IEEE 519 标准，对于中小功率的变换器、不间断电源（uninterruptible power supplies，UPS）或其他负载，改善后的功率因数应该为 0.94。整流器与公共电网连接处的电流比 I_{sc}/I_1 通常在 50~100 之间，根据表 1.3，其相应的总谐波畸变率限制在 12% 以内。对于一个以单位相位移因数和 12% 总谐波畸变率工作的整流器，其功率因数应该大于 0.993。为了减少无功并遵守谐波标准，在技术允许的情况下，将功率因数提高到 0.94 以上是没有害处的。

最近，在提高功率因数和减小谐波电流方面做了很多改善，然而这些措施所用到的拓扑结构中所需元器件的造价、体积、重量及消耗的能量是大功率应用中的主要局限性。近几年，脉冲宽度调制（pulse-width modulation，PWM）开关模式整流器在提高功率因数方面获得了长足发展，但是，大部分是依靠复杂的现代控制技术来实现的。因此，使用功率因数校正（PFC）技术保证开关电源的输入电流谐波达到标准的要求成为当务之急。

1.3 功率因数校正

功率因数校正的作用是使电流与电压趋于同相位，并对输入电流波形进行整形，使其呈正弦波波形。PFC 技术在提高设备效率和输入功率因数，改善电网质量方面是非常重要的。由于 IEC 1000-3 等标准只是对电流各次谐波做出限制规定，而对功率因数并未作硬性要求，因此 PFC 在本质上就是谐波滤波。有些国家对某些电子产品功率因数也有明确要求，例如在美国、加拿大等许多国家的建筑条例中,都规定所使用的电子镇流器功率因数不能低于 0.9。

功率因数校正有许多不同的实现方法和分类方法。

1. 按 PFC 电路使用的元器件分类

按 PFC 电路使用的元器件不同,可分为无源 PFC(PPFC)和有源 PFC(APFC)两种类型。其中,PPFC 仅使用二极管、电感和电容等无源元件,电路结构简单,成本较低,但对电流波形失真的抑制效果较差,并且只适用于功率较小的场合。APFC 技术除了使用无源元件之外,还使用晶体三极管、金属 – 氧化物 – 半导体场效应晶体管(metal – oxide – semiconductor field – effect transistor, MOSFET)及电源管理等有源器件。APFC 的优点是可以实现 0.99 以上的功率因数,产生正弦电流波形,而且还提供经过调节的稳定 DC 总线电压,其适用功率范围从 75~3000W 以上,但缺点是电路拓扑复杂,成本较高。

2. 按 PFC 控制信号分类

按控制信号量的性质不同,PFC 分模拟 PFC 和数字 PFC 两种。目前被广为采用的 PFC 均采用模拟控制技术。随着数字信号处理(DSP)控制技术在电力电子领域的应用,数字控制 PFC 将成为 PFC 技术发展的一个方向。基于空间矢量脉冲宽度调制(SVPWM)的电流无差拍控制方法就是一种全数字化控制技术,该方法数学推导严密,动态性能和调节性能优异,代表了当前国际上 PFC 技术的先进水平。

3. 按电网供电方式分类

按照电网的供电方式不同,PFC 可分为单相和三相两种类型。对于 3kW 以下的离线系统,通常采用单相 PFC 技术。而对于中等功率容量的系统,一般都采用三相 PFC 技术。目前,单相 PFC 技术已相当成熟且获得广泛应用,而三相 PFC 技术由于应用广泛、工作机理比较复杂而成为近年来研究的热点。

4. 按 PFC 变换器的级联方式分类

按 PFC 变换器的级联方式不同,可分为两级 PFC 和单级 PFC 两种。其中,两级 PFC 通常由前置级 PFC 升压变换器和后随直流 – 直流(DC – DC)变换器(对电子镇流器来说,第二级则为直流 – 交流(DC – AC)变换器)级联而成。前级交换器和后级变换器通常由各自的电路控制,有各自的开关(如功率 MOSFET)。单级 PFC 变换器的特点是 PFC 变换器和 DC – DC 变换器由一套电路控制,并且共用一个功率开关,从而使电路简化,成本较低。单级 PFC 变换器的功率因数比两级 PFC 变换器低,输入电流谐波的含量要比两级 PFC 变换器大,并且储能电容上的电压应力很高,往往可达 1000V。单级 PFC 变换器在应用中仅适合于低功率场合。

5. 按 PFC 变换器电路拓扑结构分类

按照 PFC 变换器电路拓扑不同,PFC 变换器可分为升压(Boost)型、降压

(Buck)型、降压-升压(Buck-Boost)型和回扫(Flyback)型(即反激式)4种基本类型。

6. 按输入电流的控制方法分类

按PFC电路中输入电流的控制方法不同,可以分为平均电流型、峰值电流型、电压跟踪控制型和滞后电流控制型等几种。

提高装备电力系统中整流型负荷的功率因数和减小谐波电流对装备电力系统电能质量的改善至关重要,要想有效地提高整流桥的功率因数,就必须提高其相位移因数并降低其电流谐波,所以为了提高整流桥的功率因数,并且减小整流电路从装备电网吸收的视在功率(即减小无功损耗),可以通过以下两种方式:

(1) 向电网提供超前的无功电流,以补偿整流桥滞后的无功电流;

(2) 从负载侧减小滞后的无功电流的需求,减小谐波电流。

滞后的无功电流代表着电力系统本身及电力系统中所用元器件的电感值。滞后的无功电流不可能从整体上消除,但是可以通过使用低无功电流的设备、装置、元器件来减小滞后的无功电流。实际使用时,不存在消耗超前的无功电流的装置,所以,为了产生超前的无功电流,必须将特定的装置加入到电力系统中。最简单的方法就是在电力系统中安装电容器组,通过选择正确的电容器组的容值达到提高功率因数的目的。

除了使用电容器组之外,还可以使用同步电机进行无功补偿,用来做无功补偿的同步电机一般叫作同步调相机(或同步补偿机)。同步调相机运行于电动机状态,但不带机械负载,正常工作的同步电动机一般从电网吸收滞后的无功电流。但是,工作在过励状态下的同步电动机却从电网吸收超前的无功电流,它是一种只向电网提供无功功率的同步电动机。因此,通过调节同步电动机的励磁电流,可以使其工作在滞后、超前以及单位功率因数区域,从而使电网的功率因数维持在一个确定的水平。

绝大多数的电子设备都会利用整流电路从电网吸收能量,然而整流器是非线性负载并产生大量的谐波电流。为了达到高功率因数,电网的供电电流应接近于正弦,并且相应的电压与电流之间的相移应接近于0。在三相整流系统中,二极管桥式整流的相位移因数几乎是1,利用现代控制方法主动控制三相整流器,可以使供电电流与相应的电压同步,所以对三相整流器进行功率因数校正的主要任务就是减小谐波电流。

提高整流电路的功率因数,同时减小其谐波电流的方法大致分为如下几种,如图1.2所示。单独使用滤波器并不能使输出电压可调,而主动形成电流波形技术却可以使输出电压可调,所以下面介绍三相整流电路中主动形成电流波形的现代技术。

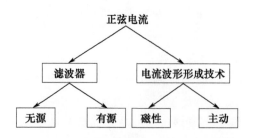

图 1.2　功率因数校正及减少谐波技术的分类

1. 滤波器

1）无源滤波器

无源滤波器是一种传统的减少谐波的方法，也是一种很直接的方法。无源谐波滤波器由一些无源的元器件组成，如电阻、电感和电容，这也正是其名称的由来。谐波电流可以通过高阻抗的串联电路或者低阻抗的并联电路受到阻止，避免流入公共电网。串联型无源滤波器的使用范围因其造价较高、效率较低、体积相对较大而受到限制。

并联型无源滤波器通过陷波的方式来校正功率因数，它只能滤掉负载产生的固定次数的谐波。并联型无源滤波器包括：单次谐波滤波器，如图1.3(a)所示；多次谐波滤波器，如图1.3(b)所示。在图1.3(b)中，包括5次、7次、11次、13次及更高次数的谐波滤波器。

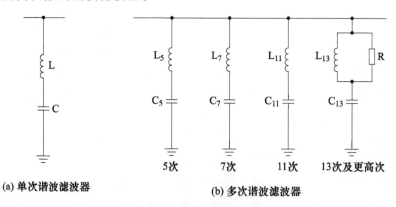

(a) 单次谐波滤波器　　(b) 多次谐波滤波器

图 1.3　并联型无源滤波器

然而，并联型无源滤波器的最大弊端就是可能发生电网与滤波器之间的串、并联谐振，使滤波器或电网侧的谐波比负载的电流谐波有所放大，这将带来很多危险，例如：电容器过热、电压谐波过多、电磁干扰等一系列的电力问题。尽管这一固有的问题可以避免，但是必须将并联型无源滤波器与一个设计得非常好的小功率串联型有源电力滤波器结合。而且，滤波器的性能是在某一特定的运行状态下优化的,当系统偏离了这一运行点时,滤波器的补偿性能将急剧下降。在这种情况下,系统的谐波可能没有得到充分的消除,因此,在设计并联型无源滤波器时必须额外小心。

2) 有源滤波器

无源滤波器的最大缺点就是,其工作性能是在系统某一运行点进行优化的,当负载发生变化时,无源滤波器的补偿性能会急剧下降。而有源电力滤波器(active power filter,APF)工作在闭环反馈模式下,具有本质上的自适应能力。

APF 的结构形式很多,按与电网的连接方式不同可分为并联型和串联型两种。与并联型 APF 相比,由于串联型 APF 中流过的是正常负载电流,因此损耗较大。此外,串联型 APF 的投切、故障后的退出及各种保护也比并联型 APF 复杂,因此,它的使用范围受到很大的限制。并联型 APF 采用适当的控制方法就可以达到多种补偿的目的,可以实现的功能最为丰富灵活,故而并联方式是目前应用最多的一种。按逆变电路储能元件的不同可分为电压型(储能元件为电容)和电流型(储能元件为电感)两种。其中,电流型 APF 直流侧大电感上始终有电流流过,该电流将在大电感的内阻上产生较大的损耗,因此目前较多使用电压型 APF。随着超导储能技术的不断发展,今后可能会有更多电流型 APF 投入使用。

图 1.4 所示为并联型有源电力滤波器的基本补偿原理。由图 1.1 可知,非线性负载消耗的电流包括基波电流和谐波电流,负载消耗的谐波电流通过各种手段检测出之后,可以产生一个与谐波成正比的信号。在电流控制模式下,通过直流到交流的逆变,可以使有源电力滤波器向电网输送的电流恰好为负载所消耗的谐波电流。则电网电流就可以成为正弦波并与电网电压同步。因此,有源电力滤波器既可以补偿谐波电流,又可以对功率因数进行校正。由于有源电力滤波器是将直流电压变换为交流电压,所以并联电压型有源滤波器中必须有储

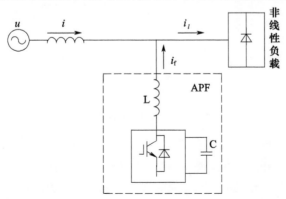

图 1.4 并联型有源电力滤波器的基本补偿原理

能的电容。逆变器的开关损耗以及电容的漏电,均会使得直流侧电容电压下降。电容电压必须维持在某一个特定值才能很好地补偿谐波,通常,电容电压是靠变换器从电网吸收实功来维持的。

有源电力滤波器的主要缺点是,变换器要从电网吸收实功,所以其相应的控制电路较复杂,无形中增加了其成本。然而,由于其本质上的自适应能力,当非线性负载经常变化时,它却能提供最好的谐波补偿。因此,有源电力滤波器主要应用在大功率且负载经常变化的用户,如负载谐波较严重的工厂,或者应用在变电站以及配电站。

2. 功率因数校正

1) 单相无源功率因数校正

无源功率因数校正是在二极管整流器上附加额外的无源元件来进行校正的。一个最简单的办法就是在二极管整流桥的直流侧附加电感。在假设直流侧输出电压不变的情况下,理论上讲,最大的功率因数可以达到 PF = 0.76。另一个比较好的无源功率因数校正方法就是利用谐波陷波滤波器。谐波陷波滤波器由串联谐振网络组成,与交流侧电源并联,并将陷波器的谐振频率调整到需要消除的谐波的频率。图 1.5 所示是包括三次谐波和五次谐波两种次数谐波的陷波器。尽管陷波器增加了整个整流电路的复杂性,但是电网线电流的波形在很大程度上得到了提高。

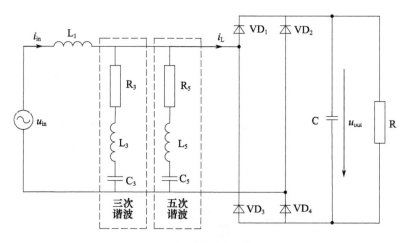

图 1.5 含有陷波滤波器的整流器

无源功率因数校正有很多优点,如简单、可靠、耐用,对噪声和浪涌不敏感,不存在高频开关损耗等。但是它也有不少缺点,如利用滤波原理的陷波器增加了整流器的体积和重量,而且其动态响应性能很差,不能进行电压调节,输入电流的波形依赖于负载的大小。

2) 单相有源功率因数校正

应用于二极管整流桥的单相有源功率因数校正可以分为两类:两级校正方法和一级校正方法。

(1) 两级校正方法。两级校正方法得到了广泛的应用,在这种变换器中,采用前、后两级有源功率因数校正技术,使得线电流的相位跟踪线电压的相位,进一步达到提高输入功率因数的目的。其中,前级变换器将输入的交流电压转换为直流电压并将能量储存在一个电容较大的电容器中,后级变换器采用常规的DC-DC变换器,将储存在电容器中的能量转换为独立可调的输出电压。两级功率因数校正技术的一般结构如图1.6所示,各级都有自己独立的储能元件。前级的功率因数校正电路可以采用Boost,Buck-Boost或Flyback变换器。由于Boost变换器的电感与输入线电压串联,所以,输入电流的高频纹波小,且其输出滤波电容的储能大,在整个直流电压变化范围内可以保持较高的输入功率因数。因此,通常采用Boost变换器作为前级。

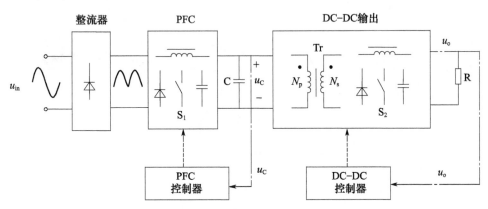

图1.6 两级功率因数校正技术的一般结构

图1.7所示为两级变换器的前级——典型的Boost PFC电路,图1.8所示为Boost变换器中电感电流的几种工作模式:电流断续模式(discontinuous current mode,DCM)、临界断续导电模式、电流连续模式(continuous current mode,CCM)。从控制的角度来讲,工作在DCM模式下的PFC的控制方法简单。驱动S_1的开关信号的占空比固定、半波周期内的开关频率固定、无需检测输入电压和电流,所以这种工作模式的损耗较低,适用于低功率的场合。DCM Boost的缺点是,存在很高的输入电感电流纹波,这将引起很大的开关损耗以及电磁干扰(electromagnetic interference,EMI)。工作在临界断续导电模式下的PFC,为了使电路中的电感工作在DCM和CCM的临界点,其开关频率在一个半波周期内是变化的。电感上的电流纹波峰值是平均输入电流的两倍,而且变频率控制会在很大的频谱范围内产生电磁干扰。工作在CCM模式下的

PFC,其电流纹波及电磁干扰都会相对小一些,然而这种工作模式的控制电路又很复杂。

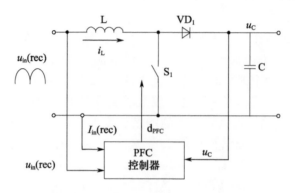

图 1.7 典型的 Boost PFC 电路

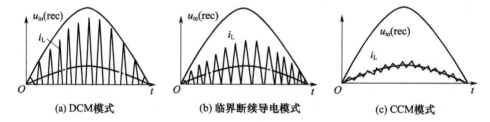

图 1.8 Boost 变换器中电感电流的几种工作模式

两级有源功率因数校正能够提供较高的功率因数,且工作性能稳定。但是,两级功率因数校正所需要的元器件较多,且费用较高。另外,由于前级和后级的开关器件均需要控制,因此其控制电路相对复杂。

(2)一级校正方法。为了减少两级校正方法中额外的元件及其费用,很多专家学者开发出了一级功率因数校正技术。图 1.9 所示是一级校正方法的一般结构。

与两级校正方法相比,一级校正方法中只需要一个控制器(DC-DC 控制器),用来调节输出电压的稳定,输入的功率因数基于电路的工作原理可以自动调节。所以,一级校正方法的控制电路相对简单。一般情况下,单相功率因数校正变换器的功率因数虽然不是 1,但是它的输入电流谐波却很小,足以满足谐波标准的要求。

3) 单相 PWM 整流

因为单相 PWM 整流的输入电流畸变较小,功率因数接近于 1,能量可以双向流动,所以它的使用越来越广泛。图 1.10 所示是单相 PWM 整流的一般结构。

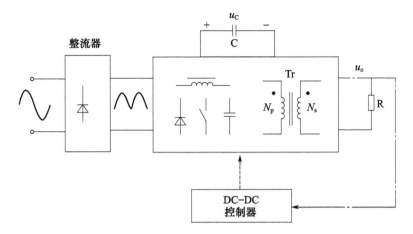

图 1.9　一级校正方法的一般结构

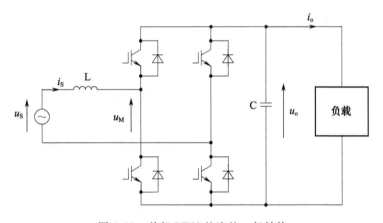

图 1.10　单相 PWM 整流的一般结构

它通常被应用在能量需要双向流动的地方,如火车头、缆车、起重机等。然而,PWM 工作模式下的整流电路,其开关器件工作在高频下,造成很大的开关损耗。

4) 磁性电流波形形成技术在三相整流电路中的应用

在这种方法中,接近正弦的线电流主要通过磁性装置形成。其中,多重整流器和 3 次谐波电流注入法受到了更多的关注。

(1) 多重整流器。因为三相全桥整流所产生的特征谐波,是该整流器整流过程中所使用的脉冲个数的函数。12 脉冲整流器交流侧的谐波电流只有 $(12n\pm1)$ 次谐波(n 为整数),在其谐波中,理论上不存在电网中常见的 5 次谐波和 7 次谐波。然而,12 脉冲整流器需要两个 6 脉冲的整流桥,并要求两个整流桥的输入是两套互差 30°相移的交流输入,该相移可以通过带相移输出的自耦变压器得到。图 1.11 所示为典型的 12 脉冲整流器,利用移相变压器其相数可以增加到 18、24 等。

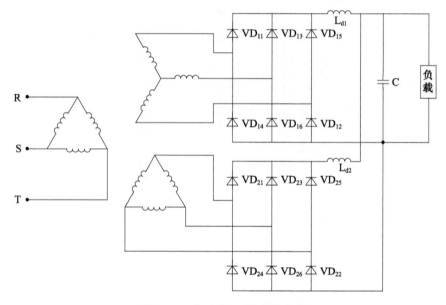

图 1.11　典型的 12 脉冲整流器

(2) 3 次谐波电流注入法。采用 3 次谐波电流注入法,是降低由三相桥式整流所引起的谐波污染的一种重要方法。该技术利用向电网注入 3 次谐波的方式修改输入电流的波形,并可减小电流畸变。这一方法最早在文献[9]中提出,文献[10]将这一方法进行了推广。

该方法非常适用于大功率的场合,因为它在电流注入网络时使用的是耐用且可靠的无源元件,这样既减少了电路的复杂性,又提高了电流注入电网的稳定性和效率。图 1.12 所示为 3 次谐波电流注入法的基本电路结构图。假设整流器的输入端是一个三相对称系统,二极管的电压降可以忽略不计,整流电路的负荷是一个恒流源。电路中包括三相整流桥电路及电流注入系统。电流注入系统包括一个电流注入网络及注入设备,电流注入网络为一个三端口网络。

电流注入网络是建立在二极管整流桥输出端电压基础上的,作用是形成注入电流 i_f。电流注入设备先将注入电流 i_f 平均分配成 3 个等份,再通过电流注入设备注入整流器的输入端。以 a 相电流为例,最终输入电流 i_a 等于注入 a 相的 3 次谐波电流 i_{fa} 和负荷电流 i_{la} 的叠加,因此,选择合适的元器件,使 3 次谐波电流的相位和幅值与负载消耗的电流相等,就可以使 a 相输入电流中的谐波含量减少至最小。在该电路中,电流注入设备是一星/三角三相变压器,通常称为"接地变压器"。由接地变压器的磁通特性可知,对于基波正序电流,其等效阻抗很

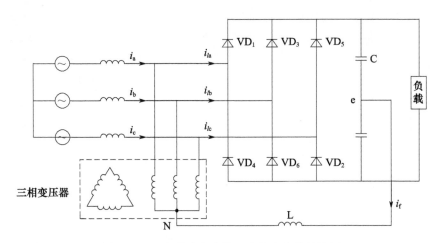

图 1.12　3 次谐波电流注入法基本电路结构图

大,相当于断路状态;对于 3 次谐波零序电流,其等效阻抗则很小,相当于短路状态。因此,使用接地变压器就可以在注入 3 次谐波电流的同时不破坏原整流电路的拓扑结构,不影响正常的整流功能。

　　文献[11]提出了一种新的方法,即适当地重新整流 3 次谐波电流,用多功能电容器代替前述的电流注入设备(星/三角变压器)。然而,该方法的直流侧需要较大的电容和电感,致使装置的体积和重量急剧增加。Pejavic 对谐波电流的注入方法和能量流动进行了详细的分析,并进一步利用 R-L-C 网络进行谐波注入的方法[12]。与此同时,他还提出了电流的三相注入法以及仅仅一相的注入方法。Maswood 将这种电流注入法进一步扩展到晶闸管整流电路中,结果表明,文献[12]中提出的利用 R-L-C 网络进行谐波注入的方法再附加补偿电流移相器,可以减少晶闸管整流电路中的谐波,并提高功率因数。

　　然而,3 次谐波电流注入法中的电流注入网络一般比较复杂,而且须悉心选择元器件,直流侧电压也不可调。因此,利用 3 次谐波电流注入法提高功率因数的方法受到了一定的限制。

　　5) 主动形成电流波形技术在三相整流电路中的应用

　　在主动形成电流波形技术中,主动控制半导体开关器件,使其工作在高频开关状态下,从而使线电流波形为正弦波。而且,这种整流电路的输出电压是一个既不依赖于电网电压,又不依赖于负载的确定值。

　　(1) PWM 整流。通过对 PWM 整流电路的适当控制,可以使其输入电流非常接近于正弦波,且与输入电压同相位,功率因数接近 1;直流侧电压可调,所以它在高性能的开关电源中,尤其是在开关频率需要经常变化的开关电源中得到了广泛应用。

　　PWM 整流电路的拓扑与 PWM 逆变电路的拓扑是一样的,所以逆变电路中的控制思路完全可以应用到整流电路中。PWM 整流器的基本控制思想示于图 1.13(a)中,跨接在交流电源和变换器之间的电感上电压降控制着线电流 I_{s1},电感上的电压(U_{L1})等于电源电压(U_s)与变换器电压(U_{conv1})的矢量差。由图 1.13(a)可以看出,这种方法既可以控制有功的流动,又可以控制无功的流动。图 1.13(b)和(c)分别为单位功率因数整流的矢量图及单位功率因数逆变的矢量图。

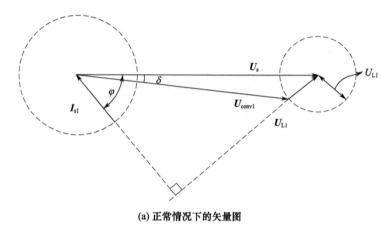

(a) 正常情况下的矢量图

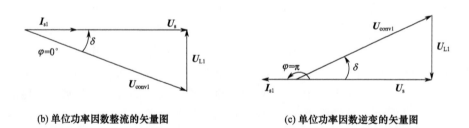

(b) 单位功率因数整流的矢量图　　　　(c) 单位功率因数逆变的矢量图

图 1.13　PWM 整流的矢量图

PWM 整流电路的控制与感应电机的矢量控制可以看作是一对对偶问题。矢量控制中速度的控制对应于 PWM 整流电路中直流侧电压的控制,定子电流与转子磁场之间的参考角度对应于线电压与电流之间的参考角度。近年来,应用于这种整流的很多控制策略相继报道。电压定向控制(voltage oriented control,VOC),以电流环作为内环,具有很高的动态和静态特性,故而应用越来越广泛,并在不停地发展。因此,电压定向控制的最终结构和性能依赖于电流环的控制策略。另外一种常用的控制策略是直接能量控制(direct power control,DPC),该方法是基于瞬时有功和瞬时无功的一种控制,直接能量控制的关键点是快速且正确地估计有功和无功。

然而,PWM 整流具有费用高、高开关损耗、控制算法复杂等缺点,而且很多情况下并不需要能量的双向流动,所以在很多特定的场合,例如,当直流侧的能量不需要反馈回主电网时,可以将 PWM 整流设计为单方向的。这些特定的场合包括:动态要求较弱的驱动系统(如电扇和空调系统)、不间断电源(UPS)、蓄电池充电器(如电力汽车)、工艺加工过程的供电(如焊接等)、测量设备的供电等。单向 PWM 整流与双向 PWM 相比,电路的复杂性明显降低。所以,单方向的功率因数校正技术有着自己特殊的应用。

(2) 单方向单个开关的 Boost 校正。图 1.14 是一种常用的利用 Boost 变换校正三相电流的拓扑结构。线电流的波形通过由 L_B、C_B、VD_B 组成的 Boost 断路器形成。因为 Q_B 的开关频率可以达到几十千赫,所以用于输入滤波中的电感和电容可以很小,滤波后的输入功率因数可以接近于 1。

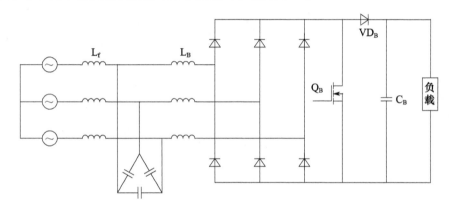

图 1.14 带 Boost 断路器的二极管整流电路

然而,这种电路的输入电流是断续的,含有低频分量,低频分量的幅值与电压的变比(输出电压与输入线电压幅值的比)有关。对线电流的要求越高,需要的变比也越大,所以作用在开关上的压降也就越大。另外,作用在开关上的峰值电流也很大,考虑到电磁兼容必须采取一定的措施滤波。尽管带 Boost 断路器的二极管整流电路存在这些弊端,但由于控制电路简单,因此在很多场合中得到应用。而且,它确实也有效地提高了三相整流桥的功率因数,并有效地降低了输入电流谐波。

(3) 利用两个单相 PFC 模块对三相功率因数进行校正。图 1.15 所示是利用两个单相 PFC 模块对三相功率因数进行校正,三相交流输入电压经自耦变压器变换成为"两"相交流电压,分别与一个标准的单相 PFC 模块相连接,分两相进行功率因数校正。分离的电感和二极管用于防止两个 PFC 模块之间的相互影响,两个 PFC 模块的输出都连接在同一个直流端。

互差 120°的三相输入电压 u_a、u_b、u_c 首先转换为互差 90°的"两相"电压 u_{ab}、u_{ck}。虽然 $|u_{ab}| \neq |u_{ck}|$,两个 Boost PFC 可以采用不同的增益分别控制每半个周

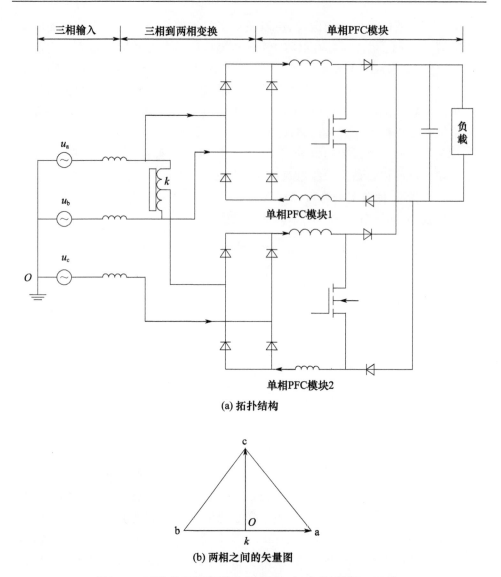

图 1.15 两个单相 PFC 模块组成的三相功率因数校正电路

期的输出,并工作在电流连续模式,功率因数为 1。利用交错的 PWM 控制方法,几乎可以完全消除两个 PFC 模块之间的相互影响,输入线电流接近正弦波。虽然,标准的 PFC 模块可以很容易地找到,额外的自耦变压器却增加了该方法的成本。而且,同时对两个 PFC 模块进行控制,也稍显复杂。

(4) 利用 Zeta 变换器对三相功率因数进行校正。利用 Zeta 变换器使电流工作在连续模式的三相桥式整流电路,可以具有很高的功率因数,其拓扑电路如图 1.16 所示。Zeta 变换器用来形成线电流。该变换器具有输入电流谐波畸变小,且为正弦波形。然而这种校正方法的性能是建立在连续工作模式下的 Zeta 变换器能够得到很好的控制基础之上的。

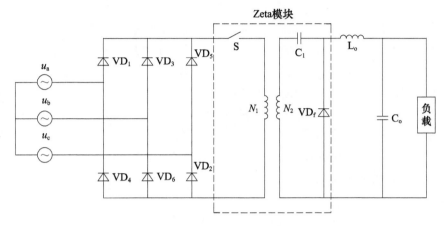

图 1.16 利用 Zeta 变换器校正功率因数的三相整流电路

(5) 基于主动形成电流波形的两个二极管桥的校正方法。文献[13]提出了一种新的二极管整流电路,通过两个工作于连续模式下的 DC - DC 变换器主动形成输入电流波形,如图 1.17 所示。

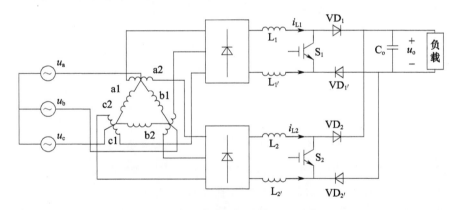

图 1.17 基于主动形成电流波形的两个二极管桥的校正方法

这种二极管整流电路,由一个三相自耦变压器和两个三相二极管整流桥组成,每个二极管整流桥再与一个工作于连续模式下的 DC - DC Boost 变换器相连接。每个 Boost 变换器中的两个二极管和两个电感用于防止它们之间的相互影响,两个 DC - DC Boost 变换器的输出直接连在一起,而不需要通过低频的相变压器,仅仅需要 4 个较小的高频 Boost 变换器中的电感。通过适当控制开关 S_1 和 S_2,就可以使这种变换器的输入电流正弦、功率因数接近于 1、输出电压可调。然而,该电路中必须使用自耦变压器,而且其控制方法略显复杂。

6）三相三电平整流电路

在所有最近提出的功率因数校正技术中，三相三电平整流尤其引人瞩目。这一电路形式最初是由Vienna科技大学提出的[14]，所以又称"VIENNA整流电路"。主要用于减小开关上的压降以及谐波电流，其原理图如图1.18所示。

当一个晶体管导通时，相应的相就连接到了输出电压的中点，引起相对应的相电流增加。当晶体管关断时，连接在同一桥臂上的二极管会导通（上半桥臂和下半桥臂的二极管取决于电流方向），对应相电流相对减小。如果能很好地控制晶体管的导通和关断，那么使每相的电流成为正弦波还是有可能的。

由于考虑了系统输出的中点电压，整流电路的桥臂具有三电平特性。与两电平变换器的拓扑结构相比，电网上的谐波电流会明显减小。而且，开关管上的压降也减小到输出电压的一半。

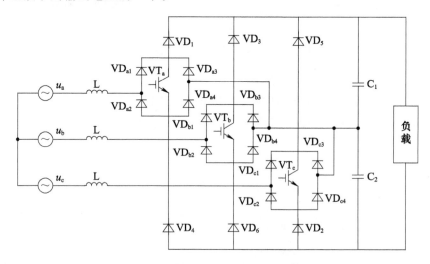

图1.18 三相三电平VIENNA整流

文献[15]提出了使用空间矢量控制技术控制VIENNA整流电路，迫使三电平Boost整流器换流，从而解决了直流侧中点电压的漂移问题。然而这一控制方法需要很好地确定出空间矢量，并且实施过程中也有些复杂。基于单周控制的定频率综合控制器，很好地应用到了三相三开关三电平整流器中，这一方法简单、可靠。文献[16]综合分析了带Boost整流器的、具有低输入电流谐波的三相二极管整流电路。文献[17]介绍了三相三电平整流电路的低开关频率形式的电路。晶体管工作在低频模式下，因此开关损耗比较低，而且开关管的导通时间也比较短，致使电路的转换效率非常高。但是，当负载较低时，主电网的低频谐波电流幅值会很高。

本章主要分析了提高功率因数的背景和意义，阐述了与谐波和功率因数有关的基本概念，重点梳理了目前常用的各类功率因数校正技术，并分析了各类功率因数校正技术的局限性和各自的优点,为下一步研究如何减小装备电力系统的谐波电流,提高功率因数奠定了基础。

参考文献

[1] BADIN A A,BARBI I. Unity power factor isolated three – phase rectifier with split DC – bus based on the Scott transformer[J]. IEEE Transactions on Power Electronics,2008,23(3):1278 – 1287.

[2] 中华人民共和国国家技术监督局. 电能质量公用电网谐波[M]. 北京:中国国家标准出版社,2009.

[3] 王玉斌,厉吉文,田召广,等. 一种新型的基于单周期控制的功率因数校正方法及实验研究[J]. 电工技术学报,2007,22(2):137 – 143.

[4] 周志敏,周纪海,纪爱华. 开关电源功率因数校正电路设计与应用[M]. 北京:人民邮电出版社,2004.

[5] 吴竞昌. 供电系统谐波[M]. 北京:中国电力出版社,1998.

[6] The Institute of Electrical and Electronics Engineers. IEEE Std. 519 – 1992 IEEE recommended practices and requirements for harmonic control in electric power systems[M]. New York:The Institute of Electrical and Electronics Engineers,1993.

[7] The International Electrotechnical Commission. IEC 61000 – 2[M]. Switzerland:The International Electrotechnical Commission,2017.

[8] The International Electrotechnical Commission. IEC 61000 – 3[M]. Switzerland:The International Electrotechnical Commission,1998.

[9] BIRD B M,MARSH J F,McLellan P R. Harmonic reduction in multiplex convertors by triple – frequency current injections[J]. Proceeding of the Institution of Electrical Engineers,1969,116(10):1730 – 1734.

[10] AMETANI A. Generalized method of harmonic reduction in ac – dc converters by harmonic current injection [J]. Proceeding of the Institution of Electrical Engineers,1972,119(7):857 – 864.

[11] SAKKOS T,SARV V. New unity power factor diode rectifiers using ripple – power re – rectification[C]// Proceeding of 8th International Conference on Power Electronics and Variable Speed Drives. UK,London:2000,378 – 381.

[12] PEJOVIC P,JANDA Z. An analysis of three – phase low harmonic rectifiers applying the third – harmonic current injection[J]. IEEE Transactions on Power Electronics,1999,14(3):379 – 407.

[13] CHOI S. A three – phase unity – power – factor diode rectifier with active input current shaping[J]. IEEE Transactions on Industrial Electronics,2005,52(6):1711 – 1714.

[14] KOLAR J W,ZACH F C. A novel three – phase three – switch three – level PWM rectifier[C]//Proceedings of 28th Power Conversion Conference. Germany,Nurnberg:1994,125 – 138.

[15] ZHAO Y,LI Y,LI A. Force commutated three level boost type rectifier[J]. IEEE Transactions on Industry Applications,1995,31(1):155 – 161.

[16] SALMON J C. Operating a three – phase diode rectifier with a low – input current distortion using a series – connected dual boost converter[J]. IEEE Transactions on Power Electronics,1996,11(4):592 – 603.

[17] DANIEL F,CHAFFAI R,HADDAD K,et al. A new modulation technique for reducing the input current harmonics of a three – phase diode rectifier with capacitive load[J]. IEEE Transactions on Industry Applications,1997,33(5):1185 – 1193.

第2章　有限容量电力系统的谐波特性分析

2.1　有限容量电力系统概述

2.1.1　有限容量电力系统的定义

有限容量电力系统是指供电容量有限，负载功率与电源容量相当，且与传统互联电网没有电气连接的电力系统，是一类小型独立的电力系统，常用于船舶、武器、飞机、海上钻井等特殊区域或工业部门[1]。下面以装备电力系统为例，开展有限容量电力系统谐波特性分析。

装备电力系统采用单台或多台军用电站（柴油发电机组）并联供电，是独立电力系统在军事领域的应用分支[2]。装备电力系统是指在野战环境下，由电源装备、供电装备、受电装备构成专为武器装备训练、作战时使用的一类有限容量电力系统。装备电力系统由发供电装备向用电装备提供电能，此过程涉及电能的产生、变换、传输和分配。装备电力系统由于与大电网无连接，存在容量有限、惯性系数小、极易受负载动态变化的影响等问题。

装备电力系统由电源装备、供电系统和负载（受电武器系统或装备）组成，其中电源装备和供电系统合称为装备发供电系统，装备电力系统的组成如图2.1所示。

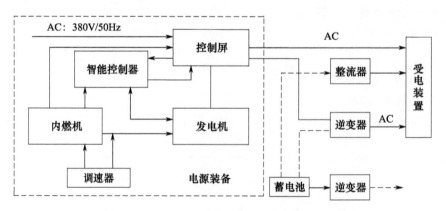

图2.1　装备电力系统的组成

第 2 章 有限容量电力系统的谐波特性分析

目前,装备电力系统有交流发供电系统和直流供电系统两类,从实际应用来看,仍以交流电源系统为主。我军交流发供电系统采用三相四线制和单相(中性点对地绝缘)供电方式,以柴(汽)油发电机组作为交流电源提供 50Hz 和 400Hz 两种频率的电能,内燃机为动力源,发电机为机械能向电能转换部件,控制屏内有操作控制、励磁控制、电流、电压、频率监测和保护功能。调速器主要用于保持内燃机转速恒定,从而保证电能频率稳定在标定值;智能控制器主要用于机组的运行控制、保护和报警;整流器、逆变器主要用来完成输出电能制式的转换。

直流供电系统主要用于发供电装备和武器系统固装在一起的武器系统中,我军多采用直流 28V 电能,主要是考虑到操作人员的安全性。近年来,随着绝缘技术的发展,外军装备已开始在自行武器中采用高压供电方式,这样可以减轻供电系统的体积和质量。

在装备电力系统中,电源装备是将机械能转换成电能或者将其他形式能量转换成电能,主要是供给各种武器系统用电,必须保证装备无论在何时都能安全的使用电能;往往是不同武器系统配备相应的电源。

二次电源是把电压、电流、频率、波形变换成受电装备需要的各种电能制式的电能变换装置。例如,雷达装备,其用电负荷既有几伏的直流电,也有发射系统中出现的上万伏高压,受电装备所需的各种电压制式和频率制式的电能均需通过整流电源、稳压电源、逆变电源等二次电源来实现。所以,二次电源既是电源装备的负载,也是受电装备的电源。

负荷是指电力用电设备的总称,按照用电负载的性质可分为阻性、感性、容性、电力电子装置,其中电力电子装置是目前一种特殊性质的负载,对电源来说是谐波污染因素较大的一类负载。结合目前装备电力系统中的负载类型及特点,根据典型用电特征将负荷类型划分为线性与非线性。

线性负载指的是在正弦供电电压下产生正弦电流的负载,如常见的纯阻性、阻感性、阻容性负载等;非线性负载指的是在正弦供电电压下产生非正弦电流的负载,如相控雷达、火炮、拖动设备以及电力电子设备中常有的二极管整流器、相控交流调压装置等。

在实际工程应用中,电力电子设备通常采用带有大电容的整流电路为后级电路提供直流电源,具有电容滤波的整流电路在正弦供电电压下产生非正弦电流,所以整流性负载兼有瞬间大电流和周期非线性两个特点,因此本书采用整流型负载作为研究对象。

2.1.2 有限容量电力系统的特点

有限容量电力系统供电作为典型的独立电力网系统,负荷容量与供电容量

相近,负荷结构和性质可预测或相对确定,其与民用电网的主要区别在于:

(1) 电源容量有限。为了充分发挥武器系统的作战效能,满足机动性等战术要求,其供电电源通常只保障装备上电气负荷所需的电能,供电容量冗余小,单机和系统容量远远小于民用电网,造成电源与负载功率比较低。通常,武器装备正常运行时,负荷额定功率一般在系统容量的 50% 左右,而对于电磁轨道炮等高功率脉冲性负荷,其瞬时功率可能会达到系统总容量的 80% 以上,负荷的频繁变化会对电源产生不可忽略的影响。

(2) 负荷结构确定。对于有限容量的装备电力系统来说,电气负荷大小、负荷特性、负荷结构是由设计决定的,供电电源和用电负荷之间是相互作用和相互影响的。武器系统中它会影响甚至决定电源供电电能的质量。因此,要保证武器系统供电的可靠、安全、有效,不但要研究分析电源特性,还要从负荷结构出发研究其与电源的关联关系,相较于容量可视为无限的民用电网,其电能质量问题不仅局限于电压、电流等方面,频率也会随之发生扰动,出现不同于民用电网新的电能质量问题。

(3) 对电能质量要求更高。现代武器系统负荷更加精密,敏感性强,对电能质量的要求更高[2],如作战指挥及通信系统对电力中断很敏感,断电 70 ~ 100ms,即可能导致整个作战体系瘫痪,且恢复困难,又如需要以供电频率为基准的测控系统,瞬时频率的波动过大,将导致其工作失控。

(4) 非线性负荷比例大。新装备电气负荷追求小型高效,各类电力电子器件的应用较多,导致非线性成分的比例远大于民用电网,电压、电流波形畸变现象突出,如某类型雷达装备电力系统,其非线性负荷的比例高达 90% 以上。

(5) 电能质量问题更加突出。现代新型武器装备的种类日趋复杂,瞬态特性表现强烈的非线性负荷被大量应用,如高功率电磁武器、雷达等呈现的周期脉冲性,武器瞄射装置、推进装置呈现的冲击性,以及这些负荷特性的混合出现,给装备电力系统的稳定性带来了极大挑战,对武器系统电能质量产生了严重污染[3]。有限容量电力系统与大电网的结构规模不同致使控制方法与目标不同,即关注点不同,大电网关注稳定性,有限容量电力系统关注电能质量。

2.2 装备电力系统谐波源分析

近 30 年来,电力电子装置的应用日益广泛,也使得电力电子装置成为最大的谐波源。在各种电力电子装置中,整流装置所占的比例最大。

在装备电力系统中,为了给后级用电设备和各种负载(如雷达、照明等)供电,首先需要将柴油发电机组输出的交流电经过整流器二次变换转化为直流电,然后再经过其他形式的功率变换后使用。因此,整流器是装备电力系统中的重要组成部分,是保障装备用电设备安全可靠工作的关键设备。

装备电力系统中的逆变器、直流斩波器和间接 DC-DC 变换器的应用也较多。但这些装置所需的直流电源主要来自整流电路,因而其谐波和无功功率问题也很严重。目前,装备电力系统中常用的整流电路以三相桥式和单相桥式整流电路为最多。

带阻感负载的整流电路所产生的谐波污染和功率因数滞后已为人们所熟悉。直流侧采用电容滤波的二极管整流电路也是严重的谐波污染源。这种电路输入电流的基波分量相位与电源电压相位大体相同,因而基波功率因数接近 1。但其输入电流的谐波分量却很大,给电网造成严重污染,也使得总的功率因数很低。

2.2.1 装备电力系统典型谐波源分析

目前,公认的主要谐波源为各类非线性用电设备,各种电力电子设备越来越广泛应用,一方面为电能的利用带来了巨大的便利,另一方面也带来了严重的谐波污染问题[4]。

电力电子装置往往采用整流桥式电路,特别是带有滤波大电容的整流电路作为输入电路为后级提供直流电源。这也使得在各类电力电子设备中,整流装置所占的比例最大,已经成为目前最大的谐波源。各种单相/三相、可控/不控整流性负载成为目前最典型、应用最广泛的非线性负载。根据 1992 年日本电气学会的调查报告,在被调查的 186 家有代表性的用户中,最大谐波源为电力电子装置的用户占 90%,而其中以最大谐波源为整流装置的用户占到了 66%。

装备电力系统中存在日益增多的、不同功率级的以电力电子技术为基础电能变换装置,作为供电电源与用电设备之间的接口电路,在完成功率传送和满足对各种各样电能形态变换的需求的同时,不可避免地产生非正弦波形,向电源端注入整数倍基波频率的谐波电流,使电压波形发生畸变,降低了装备电力系统的供电品质,严重时还会引起装备的误操作,威胁到装备安全运行和作战使命的完成。因此,为了提高装备电力系统的供电品质、减少装备电力系统的谐波污染,首先分析装备电力系统的谐波污染来源。

在装备电力系统中,首先采用大量 AC-DC 电路将军用电站发出的 50Hz 工频电通过 AC-DC 功率变换器变换成直流电能,然后再转换成其他电压等级的直流电或其他频率的交流电能供受电装备使用。

1) 整流电源

雷达装备上使用的可控整流电源很多,比较典型的某型雷达装备直流稳压器的原理框图如图 2.2 所示。

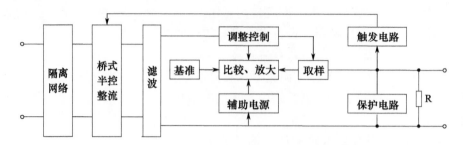

图 2.2　某型雷达装备直流稳压器的原理框图

2）开关电源

雷达装备中还大量使用了开关电源,如多路输出半桥式开关电源、多路输出推挽式开关电源。输入为交流的开关电源是应用范围广、数量多的典型电力电子装置,三相交流输入开关电源中输入整流滤波电路一般是由三相桥式不可控整流电路组成的。正是由于这一环节,导致了开关电源产生谐波污染和功率因数较低的问题。

虽然三相桥式整流电路输出电压的纹波较小,但输入电流也存在畸变现象,有些场合,为了限制开关电源等电力电子装置在给电瞬间的电流冲击,采用单相桥式半控整流电路、三相桥式半控整流电路等电路形式。在这些电路中,仍然存在谐波污染和功率因数较低等问题。

3）变频电源

如某型雷达发射机中采用的 15kV·A/400Hz 静止变频电源是一种三相输出变频电源,其电路的核心部分是由三相整流电路、智能功率模块(intelligent power module,IPM)逆变电路、LC 滤波电路组成的主变换电路。其工作原理是,将 50Hz 的三相交流市电或柴油发电机组发电的电压先经过不控整流转换为直流电压,通过 IPM 逆变电路转换成正弦功率脉冲宽度调制波形,再经过输出 LC 滤波环节,获得 400Hz 的三相正弦交流电供发射机使用。

4）逆变电源

由于有的武器系统不能直接使用工频电源进行工作,而是将直流电或交流电通过电力电子技术变换成幅值、频率、波形不同的电能形式供武器系统使用,这种技术称为逆变技术或逆变电源。

逆变电源的组成如图 2.3 所示。在逆变电源中,输入工频电压经过全桥整流和 LC 滤波电路对整流波形进行平滑处理后,在 PWM 的控制下,由 IPM 全桥逆变电路变换后输出阶梯正弦波电压,并经交流平波电抗器滤掉高次谐波成分,将正弦波电压经隔离逆变压器输出。

5）装备运动控制系统

在雷达天线控制系统中,如某米波雷达天线晶闸管调速装置,该装置主要用

第 2 章　有限容量电力系统的谐波特性分析

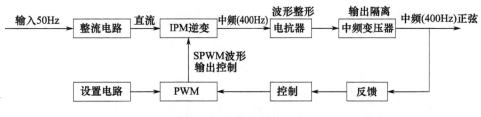

图 2.3　逆变电源的组成

于控制雷达天线的正/反方向转换、速度调节及平滑控制。该装置电路的组成方框图如图 2.4 所示,该控制电路采用了半波整流器、晶闸管整流电路及全波整流器。

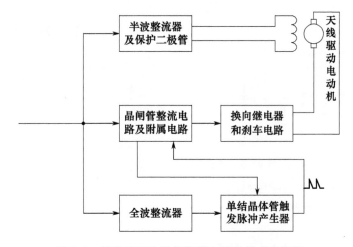

图 2.4　某米波雷达天线控制电路的组成方框图

经过上述分析可以看出,在装备电力系统的各种电力电子装置中,整流装置所占的比例最大。因此,整流器是装备电力系统中的重要组成部分,是保障装备用电设备安全可靠工作的关键设备。

通过上述分析可以看出,在装备电力系统中,三相整流电路是极为重要的电能变换环节。整流电路是装备电力系统电源装备的主要负载,同时也是主要的谐波"污染"源。在装备供电系统和用电设备中,改善整流器的性能,减小输入电流谐波含量、提高系统的功率因数方面具有重要意义[5]。

根据装备系统中非线性负载的特性,可以把非线性负载分成两大类:一类是瞬时突变的负载,其特点是会瞬间产生大电流;另一类是周期性的非线性负载,它是可以产生周期性非正弦波电流的负载。整流电路作为谐波电流的最主要来源,兼有上述两类负载的特点。这里以整流性负载为例开展装备电力系统谐波分析,不仅具有针对性,而且也是有代表性的。

2.2.2 整流型负荷对装备电力系统的影响

为了研究整流型负荷对装备电力系统的影响,选取某型额定功率为50kW的柴油发电机组作为供电源,军用测试负载箱为线性负荷,带滤波电容的三相不控整流器为负荷,其中整流器后端接可控负载箱。测量负荷运行时供电系统的电气指标,根据测量结果分析三相不控整流器负荷对装备电力系统运行的影响,实验原理如图2.5所示。

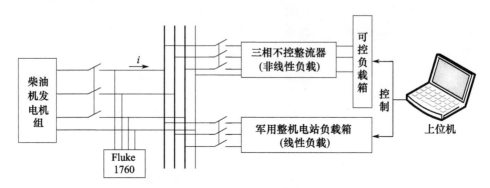

图 2.5　整流型负荷对装备电力系统实验原理图

1. 柴油发电机组带线性负荷运行的实验结果

通过仪器测量柴油发电机组带线性负载时输出的电压和电流数据,记录下柴油发电机组在临界工作状态时的各项电气指标参数。测量结果如表2.1所列。

表 2.1　线性负载不同功率时的电气参数

功率/kW	交流电压/V			交流电流/A			频率/Hz
	U_{ab}	U_{bc}	U_{ac}	I_a	I_b	I_c	f
50.87	400	399	402	74.5	74.8	73.2	49.9
59.81	401	399	402	88.5	89.1	84	49.5
63.8	402	399	402	89.6	97.3	92.3	49.1
77.59	401	399	402	111.2	115.8	109	45~53

逐渐增加线性负载,当负载较轻时,柴油发电机组的输出频率基本稳定在50Hz,输出电压保持稳定;随着负载的增加,柴油发电机组的输出功率逐渐增大,工作声音越来越低沉,噪声信号和振动信号逐渐增大,此过程中输出电压有效值的变化较小,稳定在400V左右,输出电流随负载功率的增加逐渐增大;当负载增加到77.6kW时,柴油发电机组的输出频率急剧变化,在45~53Hz剧烈抖动,柴油机工作声音十分低沉,机组噪声进一步增大,排气筒排出的黑烟加重,再增加负载功率,柴油机熄火停机,此时已达到柴油发电机组的最大输出功率。

记录当功率为 50kW、63.8kW 时的 a 相电流波形,如图 2.6 所示。

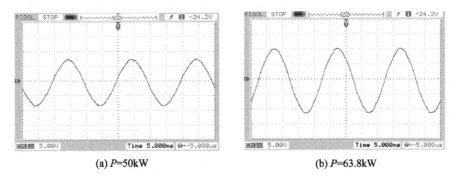

(a) P=50kW　　　　　　　(b) P=63.8kW

图 2.6　不同功率下 a 相电流波形

由图 2.6 可知,柴油发电机组带线性负载运行时,电流波形近似于正弦波,畸变率较小。

2. 柴油发电机组带三相整流型负荷运行的实验结果

通过仪器测量柴油发电机组带三相不控整流器运行时输出的电压和电流数据,同时,记录下柴油发电机组在临界稳定状态时的各项电气指标参数。测量结果如表 2.2 所列。

表 2.2　三相非线性负载不同功率时的电气参数

功率/kW	交流电压/V			交流电流/A			直流/A		频率/Hz
	U_{ab}	U_{bc}	U_{ac}	I_a	I_b	I_c	U_{dc}	I_{dc}	f
25.6	401	401	402	35.3	33.6	34.4	538	47.6	49.9
31.4	401	401	402	45.4	46.2	45.2	537	58.5	49.8
40.2	402	402	403	59.1	57.9	58.9	537	74.8	49.8
46.8	404	403	404	64.3	65.5	64.7	537	87.2	49.5
53.8	402	402	403	77.7	76.2	76.5	536	100.4	49.2
59.6	401	401	403	82.4	87	85.6	534	111.6	48.6
70.1	402	401	404	108.6	106.4	105.2	533	131.5	46.1~53

从表 2.2 中数据可知,随着三相不控整流器输出功率的增加,交流侧和直流侧电流随负载功率的增加逐渐增大,交流侧和直流侧电压基本保持稳定,系统频率呈现减小趋势,与带线性负载运行时基本一致。而系统频率随着非线性负载功率的增加,偏离工频的程度越来越大,表明非线性负载给系统频率带来影响;同时,系统电流中的谐波成分使得总磁动势的运行轨迹发生畸变,导致柴油发电机组工作声音更加低沉。当整流器功率增加到 70.1kW 时,系统频率的波动较大,柴油机排出黑烟,其现象与线性负荷的临界状态一致,柴油发电机组的最大输出功率为 70.1kW,小于线性负载时柴油发电机组的极限

带载能力。

记录三相非线性负载功率为 35kW、50kW 时 a 相电流波形,如图 2.7 所示。

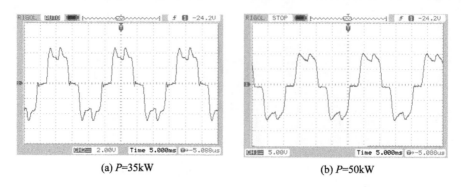

(a) *P*=35kW (b) *P*=50kW

图 2.7 不同功率下 a 相电流波形

由图 2.7 可知,三相整流器工作时输入侧的电流波形畸变严重。在整流负载有功功率为 50kW 时,电流畸变率为 25.18%,单相基波电流为 74.1A,则谐波电流为

$$I_H = I_1 \times \mathrm{THD}_1 = 74.1 \times 0.2518 = 18.6(\mathrm{A}) \tag{2.1}$$

由计算结果可知,相对于基波电流,谐波电流较大,不可忽略。

实验结果表明,柴油发电机组带线性负载运行的最大出功能力强于带非线性负载运行,其噪声和振动信号也变化较小。这是由于三相不控整流器在运行时产生了谐波电流,谐波电流流入同步发电机后产生谐波磁场,进而打破了原有的磁动势平衡状态,改变了总磁动势运行轨迹,带来了脉动转矩分量,降低了机械转矩转化为电磁转矩的效率,还使柴油发电机组机身发生振动,从而使柴油发电机组的输出有功能力降低。而随着三相不控整流器的功率增加,电流的波形畸变更加严重,谐波电流变大,谐波脉动转矩变大,引起柴油发电机组振动信号和噪声信号的增加。

因此,提高装备电力系统中整流型负载的功率因数和减小谐波电流对装备电力系统电能质量的改善至关重要,然而这些措施所用到的拓扑结构中需要的元器件的造价、体积、重量及消耗的能量都较大,是大功率应用中的主要局限性。近几年,PWM 开关模式整流器在提高功率因数方面获得了长足的发展,但是,大部分是依靠复杂的现代控制技术来实现的。因此,使用功率因数校正技术保证开关电源的输入电流谐波达到标准要求成为当务之急。很多文献也作了相应的探讨。

2.2.3 装备应用整流电路的技术特征

在装备电力系统的应用中,谐波引起的问题越来越明显。例如在某装备中,采用了多台不同电压制式的大功率开关、整流、逆变电源和两台大功率(40kW、15kW)异步电动机,技术协议要求柴油发电机组提供120kW电能,并要求两台异步电机带载启动,装备正常工作,由于该装备采用了大量的新开关器件和大电流冲击性载荷,使其电气负载结构为非线性和冲击性,导致装备和电源在对接试验时无法正常工作,通过现场调查发现柴油发电机组输出有功功率仅为55kW,中性线电流高达近百安;又如某型高炮电气系统进行了数字化改造后,联动试验时,原有柴油发电机组无法对八门高炮同时供电,主要原因在于改造后的高炮电气系统大量采用新型开关器件,在原线性负载中加入了大量非线性成分,改变了负载结构,导致供电系统中谐波含量迅速上升,柴油发电机组输出有功功率的能力下降,无法向负载提供足量的电能。这些问题产生的主要原因均是非线性负载的大量使用导致供电系统中谐波含量迅速增加,引起柴油发电机组内部机电能量关系发生改变,降低了有功输出能力。

装备电力系统中的三相整流器是装备电力系统电源装备的主要负载,同时也是主要的谐波"污染"源。由于其所处工作环境的特殊性,装备用三相整流器的主要技术特征可概括为如下几点[6]:

(1) 具有较高的输入电源频率。

(2) 具有较高的效率和功率密度,以减小整流器的体积和重量,节约燃油;提高经济性能。

(3) 具有较高的功率因数和输入电流品质,以减小整流器输入电流谐波含量,降低对装备电网的谐波污染。为此,三相整流器的输入电流各次谐波含量均受到相关装备电源标准的明确限制[7]。

(4) 可靠性要求高,主要为了保证向装备电子设备的可靠供电。

2.3 装备应用整流电路拓扑

整流电路的主要功能是将输入电压固定的交流电源转变为输出电压固定或可调的直流电源。整流电路的形式多种多样:按组成的器件可分为不可控、半控、全控三种;根据电路结构可分为桥式电路和半波电路等;根据输入的相数可分为单相电路和多相电路;根据整流后滤波方式的不同,又可分为电容滤波型和LC低通滤波型;等等。

在装备电力系统中,相对于LC低通滤波型整流负荷而言,电容滤波型更容易小型化或者集成,满足装备负荷的特点,所以直流侧含有滤波电容的整流电路是重要的谐波源,常用于小功率单相交流输入的场合,广泛存在于电压型变频装置、开关电源和不间断电源。由于装备中电能变化过程较多,多采用级联系统,整流电路输出电压将被进一步调节,因此整流负荷大多是由不控器件二极管构成的,可以通过含有滤波电容的不可控整流电路进行分析。

2.3.1 二极管整流

二极管整流广泛地应用在能量转换的电力电子电路中,图 2.8 所示为用于 AC – DC 变换的三相全桥整流电路。该整流电路的输入电流具有 5 次、7 次、11 次、13 次等特征谐波,各次谐波的幅值与谐波次数成反比。因此,尽管三相全桥整流电路具有很高的相位移因数(DPF = 1),但是它向装备电网注入了大量的谐波电流。

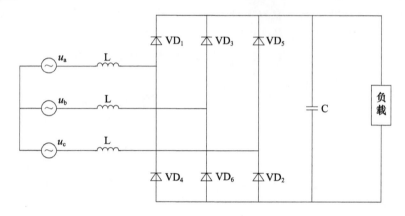

图 2.8 三相全桥整流电路

交流电源通过这种简单可靠的方式可以转换为不可控的任一确定的直流电源,所以,当装备用电设备只是需要一个确定的直流电源时,这种三相全桥整流电路至今仍然是首选。由于那些严格的谐波标准的限制,很多消除三相全桥整流电路谐波电流的方法已经提出。

2.3.2 相控整流

三相二极管全桥整流电路的输出电压不可调,然而,当采用晶闸管代替图 2.8 中的二极管时,其输出电压可以通过控制晶闸管的触发角来控制,此时的全桥整流电路称为相控整流,其原理图如图 2.9 所示。

随着触发角的减小,功率因数会相应增加;该触发角同样影响着谐波电流的幅值。这种拓扑结构因其固有的耐用、高效、控制电路简单而受到很多用户的青睐,但是它的功率因数较低,并向电网注入了大量的低次谐波。

这种整流电路的使用,使装备电网面临着严重的电能质量问题。笨重且昂贵的滤波器虽然可以抑制谐波电流,但是这种补偿方案相当复杂,且造价很高,故而限制了相控整流电路的应用。

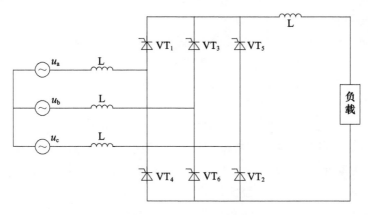

图 2.9 相控整流原理图

2.3.3 PWM 整流

随着电力半导体技术的发展,诸如门极可关断晶闸管(GTO)和绝缘栅双极型晶体管(IGBT)这样的高电压(高电流)、高开关频率的大功率器件应运而生。从而,相控整流电路中的晶闸管被这些高开关频率的器件所代替,才使利用脉冲宽度调制(PWM)技术控制整流电路成为可能。工作在 PWM 开关模式下的整流电路具有输入电流为正弦、输出直流电压质量较高的特点。PWM 技术在整流桥强迫换流中的成功应用,促使很多学术工作者开始研究以 PWM 技术为基础,更适合于 AC-DC 变换的拓扑电路。其中,最为典型的两种拓扑结构为电流型 PWM 整流拓扑和电压型 PWM 整流拓扑。

1. 电流型 PWM 整流拓扑

电流型 PWM 整流的典型结构如图 2.10 所示,包括 6 个单向电流开关。

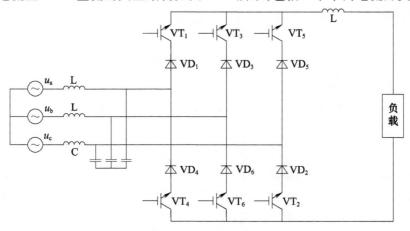

图 2.10 电流型 PWM 整流

这些开关的通断必须避免直流侧开路,以及交流侧的短路。交流侧的滤波电容与网侧电感一起组成 LC 滤波器,易导致谐振和电流畸变,其结构和控制相对复杂。另外,直流侧需要较大的电感储能,功率损耗较大。所有这些,都凭空增加了电流型 PWM 整流器的造价、体积、重量和损耗。

2. 电压型 PWM 整流拓扑

图 2.11 所示为电压型 PWM 整流拓扑结构,包括 6 个双向电流开关。

这些开关的通断必须避免直流侧短路,以及交流侧开路。很多文献介绍了 PWM 理论及其相关的控制方法。电压型 PWM 整流器需要控制的变量有两个:一是整流器的输出电压;二是整流器的输入电流。前者要求稳定输出控制,保证输出电压是一个(近似)恒定的直流电压;后者要求输入电流的相位与输入电压的相位一致,使之与输入电压同频同相,保证整流桥的输入端对交流电网呈现"纯阻性"。目前,各种形式的 PWM 变换器都存在不同程度的偏磁问题,一般多用于变压器原边串联电容,利用电容特有的隔直特性将原边中的直流分量滤除。然而,所有的原边电流都要流过隔直电容,使电容的工况相当严重,电容的可靠性及寿命严重地制约着变换器的可靠性。

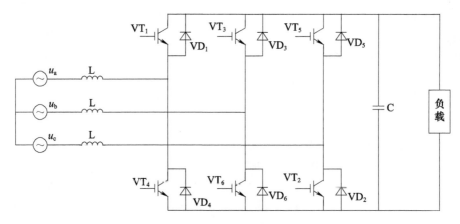

图 2.11 电压型 PWM 整流

2.4 装备典型整流电路谐波分析

考虑到可靠性、重量、工作环境条件、工作状态、相数和电压等因素,目前陆军装备领域应用到的整流电路一般采用单相桥式不可控整流电路、三相桥式不可控整流电路和三相桥式全控整流电路。本节主要研究装备电力系统采用的上述三种整流电路的谐波问题,首先从系统的角度比较装备电力系统与民用大电网谐波特性。

2.4.1 装备电力系统与民用电网谐波特性比较

谐波畸变最早出现在民用大电网中,并成为评价供电系统电能质量的一个十分重要的指标。国内外众多科研机构对如何去除电网中的谐波畸变采取了很多措施与方法,并制定了限制谐波的规定和国家标准。国际电工委员会(IEC)制定了单次谐波电压的兼容水平,即最大容许值。在 GB/T 24337—2009 标准中规定,380V 电网中各奇次谐波电压含有率限值为 4%,各偶次谐波电压含有率限值为 2%,总的谐波电压畸变率允许值为 5%,以上均指相电压。

大量复杂精密的电子设备在武器系统中的应用,使得武器系统作为供电系统的负载呈现出谐波性。下面以武器系统为研究对象,比较分析机组独立供电与民用市电供电的情况下,系统母线电流的谐波特性,并对典型的整流型负荷结构的谐波特性进行研究。

首先对某型号装备分别采用市电供电和机组供电,供电示意图如图 2.12 所示,使用 Angilent 1G 示波器获取供电系统母线上的电压、电流高速采样波形数据,并对其进行谐波特性对比分析。

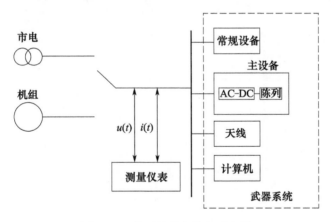

图 2.12 某型号装备供电示意图

首先从供电系统的角度针对不同型号的装备供电系统进行实装测试,分别在柴油机组单独供电和市电供电的情况下,获取供电系统三相母线上的电压、电流高速采样数据,对其进行谐波特性的分析和比较,分别如图 2.13 和图 2.14 所示。

对某型号雷达装备使用 Angilent 1G 示波器获取市电供电与机组供电的所有负载同时工作时 a 相电压电流数据进行傅里叶分析,得出各自的 THD 含量,并画出各次谐波含量的柱状图。a 相电压畸变率在市电供电条件下与机组供电条件下,分别如图 2.15 和图 2.16 所示。

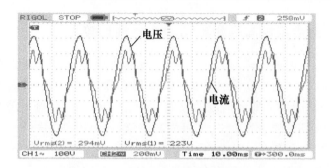

图 2.13　市电稳态 a 相电压、电流波形

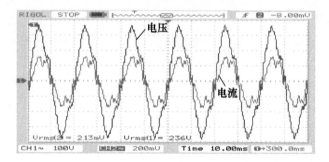

图 2.14　机组稳态 a 相电压、电流波形

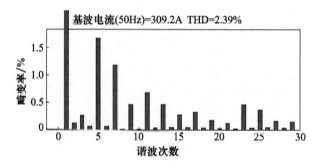

图 2.15　市电 a 相电压畸变率

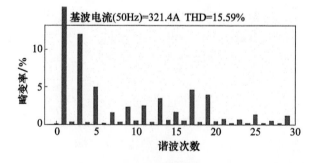

图 2.16　机组供电 a 相电压畸变率

a 相电流畸变率在市电供电条件下与机组供电条件下,分别如图 2.17 和图 2.18 所示。

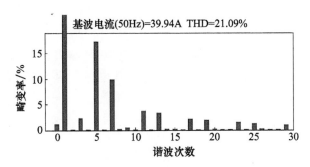

图 2.17　市电 a 相电流畸变率

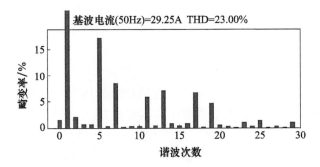

图 2.18　机组供电 a 相电流畸变率

通过对市电供电与机组供电条件下电压、电流波形的谐波分析,可以看出:

(1) 市电供电条件下的电压波形相对比较标准,电压总谐波的畸变率为 2.39%,畸变率在 5% 以下,满足国标要求;而机组供电条件下的电压波形发生明显的畸变,THD = 15.59%,远远高于标准。

(2) 市电供电与机组供电的电流波形均有明显畸变,且电流畸变率相差不大(市电:21.09%,机组:23%);机组供电时的电流波形含有较多的高频谐波分量,其中 11 次谐波、13 次谐波和 17 次谐波的含有率较高。使得负荷的谐波畸变反过来影响供电系统的电能质量,由此带来的谐波畸变问题显得更加突出。

与民用大电网相比,首先,装备互补供电系统的供电容量有限,且具有较大的电源阻抗,因此负荷的谐波畸变反过来影响供电系统的电能质量,由此带来的谐波畸变问题显得更加突出。

其次,由于装备电力系统往往是多种电力电子类型装置的集合体,同时含有整流型、逆变型、变频型等各种类型的谐波性负荷。通过对各型号武器装备不同供电方式下、不同工作状态下母线电流实测数据谐波特性进行分析比较,其对有限容量独立供电系统产生的谐波用电特性是无法预估的,一旦系统工作模式发生改变,供电系统母线的谐波特性也随之发生改变。

2.4.2 单相桥式不可控整流电路谐波分析

装备电力系统中输入为单相交流的开关电源,其输入整流滤波环节大部分都采用图2.19所示的单相桥式不可控整流滤波电路。输入220V交流电,整流后直接接滤波电容,以获得较为平滑的直流电压。

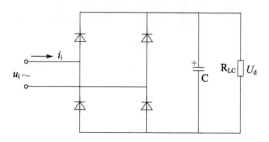

图2.19 单相桥式不可控整流滤波电路

由于整流二极管的非线性和滤波电容的储能作用,导致整流二极管只有在输入电压峰值附近的瞬时值大于滤波电容两端电压的短时间内才导通,其他大部分时间里,二极管因被反向偏置而处于截止状态。这样,使输入电流(电容器的充电电流)成为一个时间很短、峰值很高的周期性尖峰电流,其波形如图2.20所示。

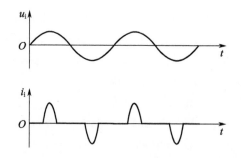

图2.20 单相桥式不可控整流的输入电压和电流

对图2.20所示电路的畸变电流进行傅里叶分析可知,它除了含有基波分量外,还含有丰富的谐波分量,但是在交流输入电流中只有基波电流做功,其余各次谐波分量均不做功,这些谐波电流注入电网就会对电网造成严重的谐波污染。

此外,图2.19所示的整流滤波电路存在输入功率因数低的缺点,通常电容滤波二极管整流器的输入功率因数只能达到0.65左右,而且输入电流的畸变使得整流器的输入电流额定值增大,导致效率降低。

2.4.3 三相桥式不可控整流电路谐波分析

三相桥式不可控整流电路在装备中的典型应用是三相交流输入开关电源,下面以三相交流输入开关电源为例开展三相桥式不可控整流电路谐波分析。

在容量相对较大的开关电源中,大部分采用三相交流供电。输入整流滤波电路一般为三相桥式不可控整流电路,其电路形式如图 2.21 所示。这种电路不用中线,输出电压也较高,其输出电压平均值为

$$U_d = 1.35 U_s \tag{2.2}$$

式中:U_s 为输入线电压有效值。

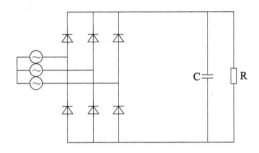

图 2.21 三相桥式不可控整流电路

虽然三相桥整流电路输出电压的纹波较小,但输入电流也存在畸变现象,其中一相的电压、电流波形如图 2.22 所示。与单相桥式不可控整流滤波电路一样,除了含有基波分量外,也含有丰富的谐波分量,同样会对电网造成严重的污染。

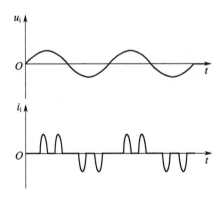

图 2.22 三相桥式不可控整流电路的输入电压和电流波形

有些场合,为了限制开关电源等电力电子装置在给电瞬间的电流冲击,采用单相桥式半控整流电路、三相桥式半控整流电路等电路形式。在这些电路中,仍然存在谐波污染和功率因数较低等问题。

2.4.4 三相桥式全控整流电路谐波特性分析

随着电力电子技术的发展,整流器由早期的二极管不可控整流电路演变到现在的可控性整流电路,虽然整流技术有了很大进步,但是仍然存在谐波污染与网侧功率因数低的问题。

在装备电力系统中,同步发电机励磁系统是向发电机供给励磁电流的系统,是发电机组主要自动控制系统之一。三相桥式全控整流电路由于输出电压脉动小、脉动频率高,是励磁系统中应用最为广泛的整流电路。

完整的三相桥式全控整流电路如图 2.23 所示。它由整流变压器、6 个桥式连接的晶闸管、负载、触发器和同步环节组成。其中,6 个晶闸管依次以相隔 60°触发,将电源交流电整流为直流电。三相桥式整流电路必须采用双脉冲触发或宽脉冲触发方式,以保证每一瞬时都有两个晶闸管同时导通(上桥臂和下桥臂各一个)。

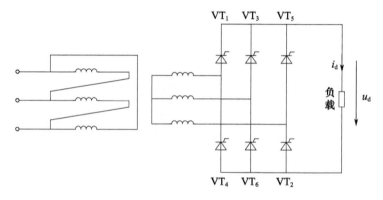

图 2.23 三相桥式全控整流电路

晶闸管 VT_1、VT_3、VT_5 为共阴极组,VT_4、VT_6、VT_2 为共阳极组,从 $VT_1 \sim VT_6$ 依次导通。在理想工作情况下的任意一个时刻,电路都必须是共阳极组和共阴极组各有一个晶闸管共同导通才能形成回路,且同一桥臂的上、下两个晶闸管不能同时导通以免造成短路。6 个晶闸管的触发脉冲依次相差 60°,每 60°晶闸管换流一次,每个晶闸管导通 120°。当改变触发角时,输出电压 u_d 的波形沿着线电压包络图随之发生改变。当触发角为 60°时,波形开始出现断续;直到触发角增大到 120°时,u_d 降为 0。所以阻性负载时,全控整流电路的移相范围是 0~120°。下面以某型装备的整流电路为例构建典型的仿真电路系统,如图 2.24 所示。

使用快速傅里叶变换(FFT)工具对该电路的电流波形进行谐波分析,如图 2.25 所示,a 相母线电流的总谐波畸变率(THD) = 30.18%,从各次谐波的含

第 2 章　有限容量电力系统的谐波特性分析

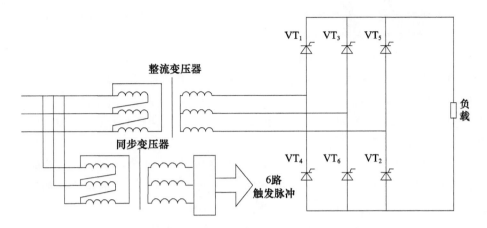

图 2.24　某型号装备整流电路原理图

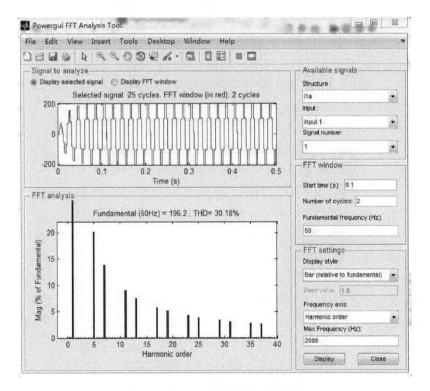

图 2.25　a 相母线电流谐波特性图

量中可以看出,电流波形中没有偶次谐波,由于 Y 型三相变压器的使用,也没有 3 的整数倍次谐波,因此主要的谐波次数为 5,7,11,13,17,19,…。

　　在仿真模型中,考虑各器件的各项参数和实际工作情况,如设置了整流变压器的绕组和磁感应参数,以及晶闸管的通态电阻参数等。从仿真结果来看,母线电流没有偶次谐波,也没有 3 的整数倍次谐波,这与实际带有三相 Y 型连接变压器的电力系统的运行情况基本一致。

通过以上仿真结果可以看出,装备电力系统是一个微型独立的电力系统,其显著特点是惯性小、承受扰动的能力弱、容量有限、非线性程度高,即使电源自身能满足各种电气指标要求,但当与用电负载连为一体时,仍会出现谐波增加、输出有功功率下降等一系列问题,系统的电能质量不仅取决于发电、输电和供电系统本身,更取决于用电负载[8]。

为了确保装备电力系统的安全、可靠、经济运行,需对装备中用电负载的受电特性进行限制。例如,对于三相整流器,不仅要求其具有较高的可靠性和较高的功率密度和效率,还对其输入电流谐波做出了明确的限制性要求。

针对特定的有限容量电力系统,目前国内外研究比较成熟的是针对飞机供电系统和机载用电设备的供电适应性试验,且主要是依据国外的供电适应性标准,具体所参考的标准如下:

(1) GJB 181B—2012《飞机供电特性》(中华人民共和国国家军用标准,2012);

(2) ISO 1540—2006《航空航天 飞机电气系统特性》;

(3) RTCA DO—1606《机载设备的环境条件和测试程序》(民用航空测试标准)

供电适应性标准国内和国外已制定了多个飞机供电特性标准,这些标准规定了需要测试的参数指标的测试方法。

其中,GJB 181B—2012《飞机供电特性》是我国参考国外军方标准,制定的飞机电气系统的一个标准。此标准为电源和机载用电设备的设计和生产提供了指导,同时也是机载电源与机载用电设备协调的一个标准,不能在贯彻实施的时候仅仅理解为只是对电源本身供电特性的要求[5]。

为了确保装备电力系统的安全、可靠、经济运行,一味追求电源品质并不能完全保证整个供电系统的可靠和经济运行,需要对电源系统本身和负载都提出更为严格的要求。电源良好的供电品质和合格的用电设备共同作用才能保证装备安全可靠运行。

在装备电力系统中,目前我军正在使用的主要供电电源标准如表 2.3 所列。其中,以 GJB 235A—1997《军用交流移动电站通用规范》标准为例,其规定的四种类型电站的八项主要电气性能指标,分为稳态参数和瞬态参数两大类。

我军制定的电源选择标准更多注重电源自身性能方面的需求,且大多是以特定的理想负荷为前提制定的,若在设备为线性负荷的情况下,按照此标准的技术指标选用的柴油发电机组都能够满足负荷用电需求,达到指标。

第2章 有限容量电力系统的谐波特性分析

表2.3 军用电源标准

标准号	标准名称
GJB 204A—1992	《军用交流移动电站额定功率、电压及转速》
GJB 235A—1997	《军用交流移动电站通用规范》
GJB 674A—1999	《军用直流移动电站通用规范》
GJB 1488—1992	《军用内燃机电站通用试验方法》
GJB 2815—1997	《军用内燃机电站通用规范》
GJB 4098—2000	《军用通用移动电站系列》

然而随着装备电气化程度的提高,装备负荷的结构发生了显著变化,整流器等非线性负荷广泛应用到装备中,造成波形严重畸变及功率因数降低等问题。

目前,针对装备中的受电设备在此方面没有明确的规定,为了减小装备电力系统的谐波,可以参照限制电网谐波的国家标准,或由权威机构制定限制谐波的规定。制定这些标准和规定的基本原则是限制谐波源注入电网的谐波电流,把电网谐波电压控制在允许范围内,使接在电网中的电气设备免受谐波干扰而能正常工作。所以,改善各类整流电路的性能,减小输入电流中谐波含量、提高系统的功率因数具有重要意义。

综上,整流电路是装备电力系统电源装备的主要负载,同时也是主要的谐波"污染"源。以整流性负载为例开展装备电力系统谐波分析不仅具有针对性,而且也是有代表性的。

参考文献

[1] 陈来军,梅生伟,许寅,等. 未来电网中的独立电力系统模式[J]. 电力科学与技术学报,2011,26(4):30-36.

[2] 王鑫,徐博宁,高英. 陆军武器装备供电系统设计的先进理念及技术探讨[J]. 火炮发射与控制学报,2013(2):82-85.

[3] 马晓军,袁东,项宇,等. 陆战平台综合电力系统及其关键技术研究[J]. 兵工学报,2017,38(2):396-406.

[4] 王兆安,杨君,等. 谐波抑制和无功功率补偿[M]. 2版. 北京:机械工业出版社,2006.

[5] 孙良,苗壮,王宏霞. 机载用电设备的供电适应性试验系列标准制定与实施[J]. 航空电子技术,2013,44(2):48-55.

[6] 邢娅浪,赵锦成. 逆变控制新技术[M],北京:国防工业出版社,2015.

[7] 年珩,全宇. 谐波电网电压下PWM整流器增强运行控制技术[J]. 中国电机工程学报,2012,32(9):41-50.

[8] 刘金宁,赵锦成,刘洪文. 装备电能质量仿真和试验系统研究[J]. 移动电源与车辆,2012,(4):28-32.

第3章 单位功率因数三相桥式整流

通常情况下,三相负载消耗的功率一般采用二极管整流桥提供直流电压,再经逆变器供给负载。然而,这一方法向装备电网注入了大量的谐波电流。本章将给出一种新拓扑即单位功率因数三相桥式整流电路,以减小三相整流逆变电路的电流总谐波畸变,提高功率因数。

将三个双向开关跨接在常规三相桥式整流的交流侧与直流侧,就构成了单位功率因数三相桥式整流电路。这种电路很好地控制开关的通断,当输入电流断续时,为输入电流提供另一个通路,就可以使输入电流满足正弦波的要求,同时与输入电压的相位相同,使得功率因数接近1,故将这种三相桥式整流称为单位功率因数三相桥式整流。本章将详细分析这种整流电路的工作原理及工作性能。

3.1 单位功率因数三相桥式整流

3.1.1 整流电路的拓扑结构

PWM整流电路越来越多地应用在不需要双向能量流动的情况下,比如不间断电源的充电、蓄电池充电等。尽管图1.14所示的电路从交流电网吸收的电流质量很高,但Boost变换器中的开关却要承受很高的压降。图1.16通过适当控制Zeta变换器使其工作在连续电流模式下,也可以收到很好的效果,但控制电路较麻烦。其他功率补偿的拓扑电路(参见图1.11、图1.12、图1.15及图1.17),利用特殊的磁性元件,甚至需要复杂的控制电路,才能提高功率因数。致使装置的费用、体积以及磁性元器件额外的功率损耗都相应增加,使得这种拓扑结构在较高功率因数的要求下而却步。最近,Mehl和Barbi为三相桥式整流提出了一种提高功率因数的方法[1],本章将对这一拓扑结构进行仔细研究。图3.1所示是这一方法的电路原理图,它的输入电流谐波畸变较小,功率因数比较高,而且在开关管关断期间,不需要加任何吸收电路来防止开关上的过电压(开关管上电压过高,容易损坏元器件,所以经常需要加吸收电路,防止电压过高),也不需要滤波电路和电流注入变压器。这一方法最大的优点是:造价低,转换效率高,装置简单容易。

第 3 章 单位功率因数三相桥式整流

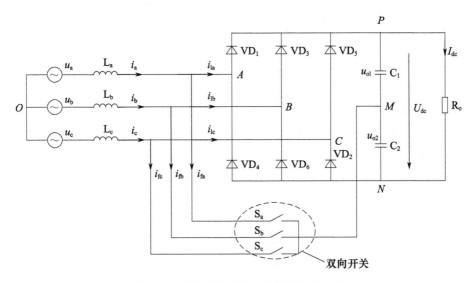

图 3.1 单位功率因数三相桥式整流电路

图 3.1 中：u_a、u_b、u_c 分别代表三相交流电压源的三相电压；二极管 $VD_1 \sim VD_6$ 组成常规的三相整流桥；R_o 代表负载阻抗；L_a、L_b、L_c 为输入电感；大小相等的两个电容 C_1 和 C_2 串联，提供平衡的中点电位；S_a、S_b 和 S_c 为三个双向开关，每个双向开关均由四个二极管和一个低功率 MOSFET（或 IGBT）组成，如图 3.2 所示。

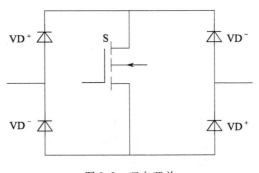

图 3.2 双向开关

尽管这一电路的拓扑结构及工作原理与高频脉冲宽度调制（PWM）电路比较相似，但是图 3.1 所示拓扑电路中的双向开关 S_a、S_b 和 S_c 工作在低频下，且门极的控制电路相对简单。

3.1.2 整流电路的工作原理

三相桥式整流的 a 相电流如图 3.3 所示。在常规的三相桥式整流电路中，每相的电流大约滞后于相电压30°,导致电流有周期性间歇(断续),间歇期间电流等于0,如图3.3(a)所示。所以,常规三相整流桥的功率因数较低,总谐波畸变较高。

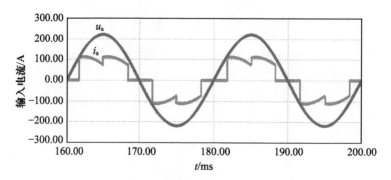

(a) 常规三相桥式整流的a相电压与电流

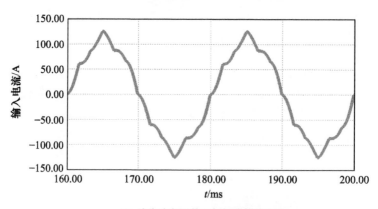

(b) 单位功率因数三相桥式整流电流

图 3.3　三相桥式整流的 a 相电流

图3.4所示为图3.1中三个双向开关S_a、S_b和S_c的门极触发信号s_a、s_b和s_c。利用图3.4所示的门极触发信号控制三个双向开关的通断,使它们分别在指定的时间段导通(各自对应的相电流为0的时间段),从而可以为输入电流提供另一个通路。这样,其输入电流就会得到改善;当三个双向开关选择了合适的导通时间,并且输入电感也合适时,其输入电流就可以较好地接近正弦波;特别地,当门极触发信号的宽度为相电压周期的1/12(即30°)时,整流桥的输入功率因数会提高,总的电流谐波畸变率也会相应减小。

单位功率因数三相桥式整流的输入电感L有一个特定的值(可以视为"临界值"),当电感取其临界值时,输入的相电流与相应的相电压同时达到各自的过零点,如图3.3所示。

第 3 章 单位功率因数三相桥式整流

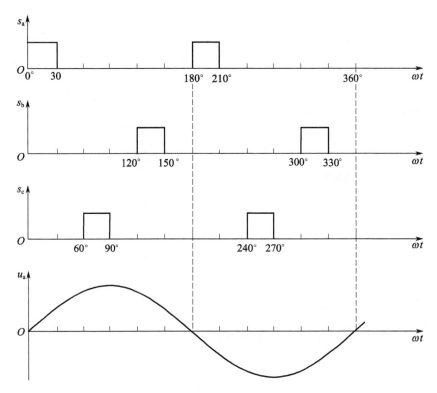

图 3.4 三个双向开关 S_a、S_b 和 S_c 的门极信号

3.2 直流侧中点电位和工作性能分析

3.2.1 直流侧中点电位

单位功率因数三相桥式整流电路,当其中的双向开关受图 3.4 中控制信号控制时,两个电容上的电压是相等的。

如图 3.1 所示,大小相等的两个电容 C_1 和 C_2 串联。输入电压是三相平衡的,则根据图 3.4 中双向开关的门极触发信号可知,三个双向开关的控制信号也是平衡的。

由图 3.4 中可知,在一个电压周期内,开关 S_a 的导通时段为 0~30°和 180°~210°。S_a 导通时,有

$$i_{C2} = i_{C1} + i_a \tag{3.1}$$

同样,在一个电压周期内,开关 S_b 的导通时段为 120°~150°和 300°~330°。S_b 导通时,有

$$i_{C2} = i_{C1} + i_b \qquad (3.2)$$

开关 S_c 的导通时段为 60°~90°和 240°~270°，S_c 导通时，有

$$i_{C2} = i_{C1} + i_c \qquad (3.3)$$

当三个双向开关都关断时，流过两个电容上的电流是一样的，所以在一个电压周期内，电容 C_1 上的电压变化为

$$\Delta u_{o1} = \frac{1}{C}\int_0^{2\pi} i_{C1}(\omega t)\,d(\omega t) \qquad (3.4)$$

在一个电压周期内，电容 C_2 上的电压变化为

$$\Delta u_{o2} = \frac{1}{C}\int_0^{2\pi} i_{C2}(\omega t)\,d(\omega t) = \frac{1}{C}\int_0^{2\pi} i_{C1}(\omega t)\,d(\omega t) + \frac{1}{C}\int_0^{\pi/6} i_a(\omega t)\,d(\omega t) +$$

$$\frac{1}{C}\int_\pi^{\pi+\pi/6} i_a(\omega t)\,d(\omega t) + \frac{1}{C}\int_{2\pi/3}^{5\pi/6} i_b(\omega t)\,d(\omega t) + \frac{1}{C}\int_{5\pi/3}^{11\pi/6} i_b(\omega t)\,d(\omega t) +$$

$$\frac{1}{C}\int_{\pi/3}^{\pi/2} i_c(\omega t)\,d(\omega t) + \frac{1}{C}\int_{4\pi/3}^{3\pi/2} i_c(\omega t)\,d(\omega t) \qquad (3.5)$$

由于输入电流波形的正半周和负半周是对称的，即

$$i_a(\omega t) = -i_a(\pi + \omega t) \qquad (3.6)$$

$$i_b(\omega t) = -i_b(\pi + \omega t) \qquad (3.7)$$

$$i_c(\omega t) = -i_c(\pi + \omega t) \qquad (3.8)$$

将式(3.6)、式(3.7)和式(3.8)代入式(3.5)，可得

$$\Delta u_{o2} = \frac{1}{C}\int_0^{2\pi} i_{C1}(\omega t)\,d(\omega t) = \Delta u_{o1} \qquad (3.9)$$

式(3.9)表明，在一个电压周期内，两个电容两端的平均电压是相等的。所以两个串联电容的中点电位是平衡的。

当双向开关工作在高频时，只要电压正半周的开关时段与负半周的开关时段仍然对称(一般情况下，需要三相桥式整流的地方，三相负载是平衡的，所以正负半周的开关时段仍然对称)，则一个电压周期内两个电容上的平均电压仍然相等。

3.2.2 工作性能分析

图 3.5(a)所示为没有功率因数校正时，常规三相桥式整流电路的输入电流波形；图 3.5(b)所示为加入三个双向开关后，三相桥式整流电路的输入电流波形。比较图 3.5(a)和图 3.5(b)可知，单位功率因数三相桥式整流的输入电流是连续的；而没有双向开关的常规三相桥式整流电路，其输入电流的波形在半个

电压周期内有两个 0 电流阶段。

第一个 0 电流阶段（图 3.5(a) 中的 160.00~161.67ms），可以通过连接在相应相到电容中点 M 上的双向开关导通来抵消，为输入电流提供另一个通路，输入电流将得到改善。

选择合适的电感，电感的续流使两相之间的换流会滞后，从而消除了第二个 0 电流阶段（图 3.5(a) 中的 168.33~170.00ms）。

单位功率因数三相桥式整流的输入电感 L 有一个特定的值（可以视为"临界值"），当电感取其临界值时，输入的相电流与相应的相电压同时达到各自的过零点，如图 3.5(b) 所示。则输入电流可以很好地被修正为正弦波，并与相电压同步。假设 $\omega t=180°$ 时，相电流为 0，那么变换器的额定输出电压可表示为[1]

$$U_o = \frac{36\sqrt{2}\,U_i}{7\pi\sqrt{3}} \tag{3.10}$$

式中：U_o 为额定输出电压；U_i 为输入相电压的有效值。

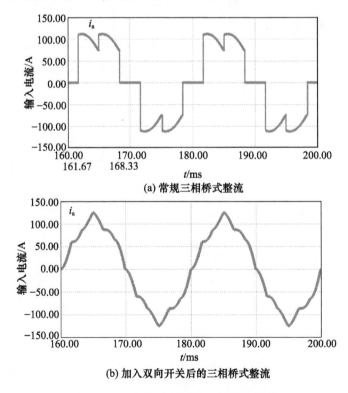

(a) 常规三相桥式整流

(b) 加入双向开关后的三相桥式整流

图 3.5 三相桥式整流输入电流的波形

由文献[1]Mehl 和 Barbi 的工作可知，输入电感的临界电感值可以根据下式进行计算：

$$L = \frac{36}{7}(2\sqrt{2}-3) \cdot \frac{U_i^2}{2\pi^3 f P_o} = 3.8489 \times 10^{-2} \cdot \frac{U_i^2}{f P_o} \quad (3.11)$$

式中：f 为交流电源的频率；P_o 为整流桥的额定输出电功率。式(3.11)计算出的电感值，应该是三个输入电感 L_a、L_b、L_c 的电感值与输电线路的等效电感值之和。由于输电线的等效电感一般都很小，因此输入电感的临界电感值一般就由式(3.11)计算出来。

当输入电感采用临界电感值时，按照图3.4中的门极触发信号控制图3.1中的双向开关 S_a、S_b 和 S_c，其输入电流总谐波畸变率可以减小到6.6%，输入功率因数可以提高到0.996。然而，单位功率因数三相桥式整流电路是在某一固定负载下，并在某一"优化"的电感值下工作的[2]。又由于双向开关的工作频率及工作模式与整流桥中的负载没有任何关系，因此当负载变化时，"优化"的电感不再"优"，该方法不能继续保证最优的输入功率因数和总的谐波畸变[3]。例如，在低功率输出、电流断续的情况下，输入功率因数就会下降到0.9，总谐波畸变率也会增加到20%。图3.6给出了负载变化时这种桥式整流电路的工作性能。而当输出功率高于额定功率时，整流电路输入电流和电压之间的相移可以超过30°，导致输入功率因数下降；与此同时，大的输入电流导致输入电感上的压降增加，进一步增加了能量的损耗，使得输出电压降低。

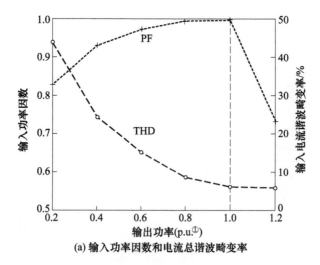

(a) 输入功率因数和电流总谐波畸变率

---

① p.u. 表示标幺值。

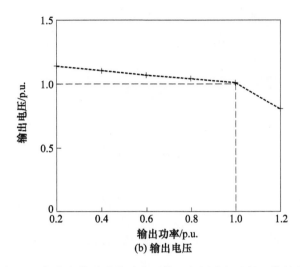

图 3.6 负载变化时单位功率因数三相桥式整流的工作性能

可见,研究单位功率因数三相桥式整流电路的双向开关的控制方法,可改善该整流电路工作要求苛刻的局限性,提高其功率因数,进一步减小电网电流谐波,增加单位功率因数三相桥式整流电路的适用范围,是这种整流电路走向实用的关键。

参考文献

[1] MEHL E L M,BARBI I. Design oriented analysis of a high power factor and low cost three – phase rectifier [C]//Proceedings of 27th Annual IEEE Power Electronics Specialists Conference. Baveno,Italy:1996,165 – 170.

[2] DANIEL F,CHAFFAI R,Al – HADDAD K,et al. A new modulation technique for reducing the input current harmonics of a three – phase diode rectifier with capacitive load[J]. IEEE Transactions on Industry Applications,1997,33(5):1185 – 1193.

[3] HAHN J,ENJETI P N,PITEL I J. A new three – phase power factor correction (PFC) scheme using two single – phase PFC modules[J]. IEEE Transactions on Industry Applications,2002,38(1):123 – 130.

第4章 低频控制方式

4.1 低频控制算法

本章将通过智能控制的方式控制单位功率因数整流的双向开关,克服该拓扑结构在负载变化时自身固有的缺陷。在智能控制方式下,每个线电压周期内双向开关导通两次,且驱动电路简单可靠。低频控制下功率损耗小,且普通低频元器件可以使用,成本较低。

4.1.1 变换器工作在轻载下

当图3.1中整流器的输出功率小于额定功率时,双向开关的导通角 σ 将改变,以使得整流器的输出电压维持在额定值不变的状态。由于相电流不连续,在此工作状态下,线电压的每半个周期(0~180°)内变换器有9个工作阶段,图4.1所示为以 u_a 为例输入电压半个周期内的分段拓扑,参数 τ 表示半个周期内相电流断续的相角。

阶段1、4和7只有两个二极管导通;阶段2、5和8有三个二极管导通;阶段3、6和9只有两相中有电流通过,第三相的电流断续。

由图4.1(a)可知,0~σ 阶段的三相电压满足关系式(4.1)。

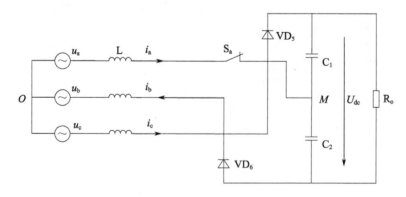

(a) 阶段1:0~σ

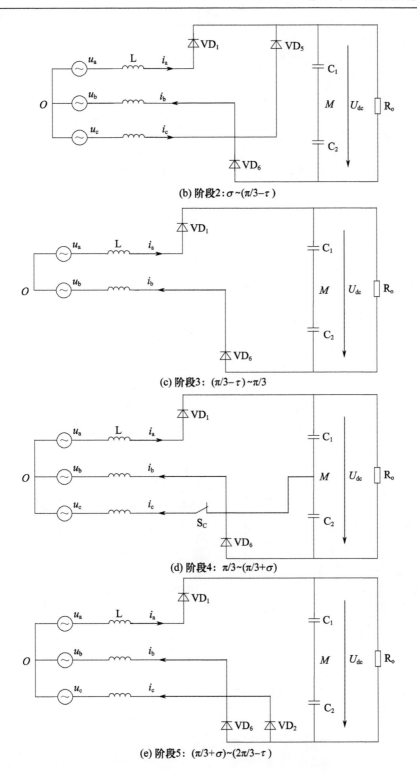

(b) 阶段2：$\sigma \sim (\pi/3-\tau)$

(c) 阶段3：$(\pi/3-\tau) \sim \pi/3$

(d) 阶段4：$\pi/3 \sim (\pi/3+\sigma)$

(e) 阶段5：$(\pi/3+\sigma) \sim (2\pi/3-\tau)$

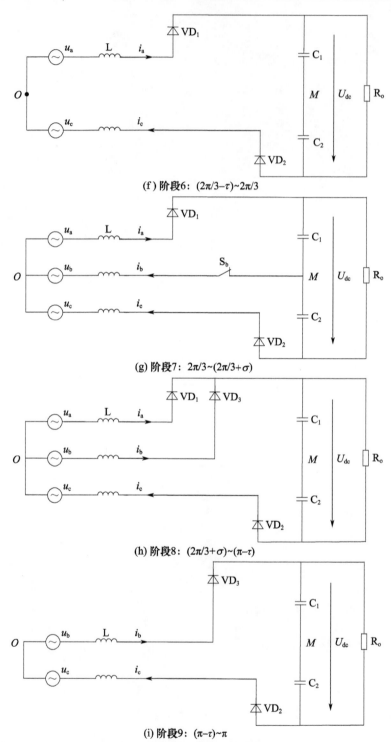

(f) 阶段6：$(2\pi/3-\tau) \sim 2\pi/3$

(g) 阶段7：$2\pi/3 \sim (2\pi/3+\sigma)$

(h) 阶段8：$(2\pi/3+\sigma) \sim (\pi-\tau)$

(i) 阶段9：$(\pi-\tau) \sim \pi$

图 4.1　输入电压半个周期内的分段拓扑

第4章 低频控制方式

$$\begin{cases} u_a = L\dfrac{di_a}{dt} + u_{MO} \\ u_b = -L\dfrac{di_b}{dt} - \dfrac{1}{2}U_{dc} + u_{MO} \\ u_c = L\dfrac{di_c}{dt} + \dfrac{1}{2}U_{dc} + u_{MO} \end{cases} \tag{4.1}$$

式中：u_{MO} 为节点 M 相对于中点 O 的电压。

当三相供电系统没有中线时，图 4.1(a) 中的电流由式(4.2)确定。

$$i_a - i_b + i_c = 0 \tag{4.2}$$

$0 \sim \sigma$ 阶段由式(4.1)和式(4.2)可以得出式(4.3)，即

$$u_{MO} = 0 \tag{4.3}$$

将式(4.3)代入式(4.1)，有

$$u_a = L\dfrac{di_a}{dt} \tag{4.4}$$

又因为 a 相的电流 i_a 从 0 开始，即 $i_a(0)=0$，则有

$$i_a(t) = \dfrac{\sqrt{2}u_i}{\omega L\sqrt{3}}[1 - \cos(\omega t)] \tag{4.5}$$

由图 4.1(b)可知，$\sigma \sim (\pi/3 - \tau)$ 阶段的三相电压、电流满足如下关系：

$$\begin{cases} u_a = L\dfrac{di_a}{dt} + \dfrac{1}{2}U_{dc} + u_{MO} \\ u_b = -L\dfrac{di_b}{dt} - \dfrac{1}{2}U_{dc} + u_{MO} \\ u_c = L\dfrac{di_c}{dt} + \dfrac{1}{2}U_{dc} + u_{MO} \\ i_a - i_b + i_c = 0 \end{cases} \tag{4.6}$$

电压 u_{MO} 和相电流 i_a 可以由式(4.7)和式(4.8)计算得到，即

$$u_{MO} = -\dfrac{U_{dc}}{6} \tag{4.7}$$

$$u_a = L\dfrac{di_a}{dt} + \dfrac{U_{dc}}{3} \tag{4.8}$$

将 i_a 在 $\omega t = \sigma$ 时刻的值作为 i_a 在阶段 $\sigma \sim (\pi/3 - \tau)$ 的初始值，则解式(4.8)得

$$i_a(t) = \frac{\sqrt{2}U_i}{\omega L \sqrt{3}}[1-\cos(\omega t)] - \frac{U_{dc}t}{3L} + \frac{U_{dc}\sigma}{3\omega L} \qquad (4.9)$$

同理可得其他 7 个阶段的相电流 i_a，如表 4.1 所列。

相电流在第 8 阶段减小到 0，且断续，输出电压却能很好地维持在额定输出值 U_o，于是表 4.1 中相电流在第 8 阶段的末段为 0，即 $i_a(\pi-\tau)=0$，进一步得到 σ 与 τ 的关系：

$$\cos\tau = \frac{9}{7} - \frac{12}{7\pi}(\sigma + \tau) \qquad (4.10)$$

表 4.1　$P_{out} < P_o$ 时各阶段输入电流

阶段(ωt)	表达式
$0 \sim \sigma$	$i_a(t) = \frac{\sqrt{2}U_i}{\omega L \sqrt{3}}[1-\cos(\omega t)]$
$\sigma \sim \left(\frac{\pi}{3}-\tau\right)$	$i_a(t) = \frac{\sqrt{2}U_i}{\omega L \sqrt{3}}[1-\cos(\omega t)] - \frac{U_{dc}t}{3L} + \frac{U_{dc}\sigma}{3\omega L}$
$\left(\frac{\pi}{3}-\tau\right) \sim \frac{\pi}{3}$	$i_a(t) = \frac{\sqrt{2}U_i}{2\omega L}\left[\sin\tau - \cos\left(\omega t + \frac{\pi}{6}\right)\right] + \frac{\sqrt{2}U_i}{\omega L \sqrt{3}}\left[1-\cos\left(\frac{\pi}{3}-\tau\right)\right] - \frac{U_{dc}t}{2L} + \frac{U_{dc}}{6\omega L}\left(\frac{\pi}{3}-\tau+2\sigma\right)$
$\frac{\pi}{3} \sim \left(\frac{\pi}{3}+\sigma\right)$	$i_a(t) = \frac{\sqrt{2}U_i}{2\omega L}\sin\tau + \frac{\sqrt{2}U_i}{\omega L \sqrt{3}}\left[\frac{3}{2}-\cos(\omega t)-\cos\left(\frac{\pi}{3}-\tau\right)\right] - \frac{U_{dc}t}{2L} + \frac{U_{dc}}{6\omega L}\left(\frac{\pi}{3}-\tau+2\sigma\right)$
$\left(\frac{\pi}{3}+\sigma\right) \sim \left(\frac{2\pi}{3}-\tau\right)$	$i_a(t) = \frac{\sqrt{2}U_i}{2\omega L}\sin\tau + \frac{\sqrt{2}U_i}{\omega L \sqrt{3}}\left[\frac{3}{2}-\cos(\omega t)-\cos\left(\frac{\pi}{3}-\tau\right)\right] - \frac{2U_{dc}t}{3L} + \frac{U_{dc}}{6\omega L}\left(\frac{2\pi}{3}-\tau+3\sigma\right)$
$\left(\frac{2\pi}{3}-\tau\right) \sim \frac{2\pi}{3}$	$i_a(t) = \frac{\sqrt{2}U_i}{2\omega L}\left[2\sin\tau-\cos\left(\omega t-\frac{\pi}{6}\right)\right] + \frac{\sqrt{2}U_i}{\omega L \sqrt{3}}\left[\frac{3}{2}-\sqrt{3}\sin\tau\right] - \frac{U_{dc}t}{2L} + \frac{U_{dc}\sigma}{2\omega L}$
$\frac{2\pi}{3} \sim \left(\frac{2\pi}{3}+\sigma\right)$	$i_a(t) = \frac{\sqrt{2}U_i}{\omega L}\sin\tau + \frac{\sqrt{2}U_i}{\omega L \sqrt{3}}[1-\cos(\omega t)-\sqrt{3}\sin\tau] - \frac{U_{dc}t}{2L} + \frac{U_{dc}\sigma}{2\omega L}$
$\left(\frac{2\pi}{3}+\sigma\right) \sim (\pi-\tau)$	$i_a(t) = \frac{\sqrt{2}U_i}{\omega L}\sin\tau + \frac{\sqrt{2}U_i}{\omega L \sqrt{3}}[1-\cos(\omega t)-\sqrt{3}\sin\tau] - \frac{U_{dc}t}{3L} - \frac{U_{dc}\pi}{9\omega L} + \frac{U_{dc}\sigma}{3\omega L}$
$(\pi-\tau) \sim \pi$	$i_a(t) = 0$

注：P_{out} 和 P_o 分别为三相整流的输出功率及其额定输出功率。

当 τ 很小时,式(4.10)可近似为

$$\tau \approx \frac{\pi}{6} - \sigma \tag{4.11}$$

为了得到导通角 σ 和直流侧归一化电流 ρ 的关系,对表 4.1 中的表达式进行整理与推导,得到如下近似关系:

$$\sigma = (14.9 + 15.1\rho) \times \frac{\pi}{180} \tag{4.12}$$

式中: ρ 表示对直流侧额定电流的归一化电流。

4.1.2 变换器工作在重载下

当图 3.1 中变换器的输出功率比额定输出功率高时,双向开关的导通角 σ 将改变,以使得变换器的输出电压仍然维持在额定值不变。这种情况下,导通角 σ 将大于 30°,则相电流将连续且 $\tau=0$。在此工作状态下,线电压的每半个周期内(0~180°)变换器只有 6 个工作阶段,与变换器工作在轻载时相比,轻载情况下只有两相工作的状态(阶段 3、6 和 9)不复存在。每个阶段的相电流表达式如表 4.2 所列。

表 4.2 $P_{out} > P_o$ 时各阶段输入电流

阶段(ωt)	表达式
$0 \sim \sigma$	$i_a(t) = -\dfrac{\sqrt{2}U_i}{\omega L \sqrt{3}}\cos(\omega t) + \dfrac{2\pi U_{dc}}{9\omega L} - \dfrac{U_{dc}\sigma}{6\omega L}$
$\sigma \sim \dfrac{\pi}{3}$	$i_a(t) = -\dfrac{\sqrt{2}U_i}{\omega L \sqrt{3}}\cos(\omega t) - \dfrac{U_{dc}t}{3L} + \dfrac{U_{dc}\sigma}{6\omega L} + \dfrac{2\pi U_{dc}}{9\omega L}$
$\dfrac{\pi}{3} \sim \left(\dfrac{\pi}{3}+\sigma\right)$	$i_a(t) = -\dfrac{\sqrt{2}U_i}{\omega L \sqrt{3}}\cos(\omega t) - \dfrac{U_{dc}t}{2L} + \dfrac{U_{dc}\sigma}{6\omega L} + \dfrac{5\pi U_{dc}}{18\omega L}$
$\left(\dfrac{\pi}{3}+\sigma\right) \sim \dfrac{2\pi}{3}$	$i_a(t) = -\dfrac{\sqrt{2}U_i}{\omega L \sqrt{3}}\cos(\omega t) - \dfrac{2U_{dc}t}{3L} + \dfrac{U_{dc}\sigma}{3\omega L} + \dfrac{\pi U_{dc}}{3\omega L}$
$\dfrac{2\pi}{3} \sim \left(\dfrac{2\pi}{3}+\sigma\right)$	$i_a(t) = -\dfrac{\sqrt{2}U_i}{\omega L \sqrt{3}}\cos(\omega t) - \dfrac{U_{dc}t}{2L} + \dfrac{U_{dc}\sigma}{3\omega L} + \dfrac{2\pi U_{dc}}{9\omega L}$
$\left(\dfrac{2\pi}{3}+\sigma\right) \sim \pi$	$i_a(t) = -\dfrac{\sqrt{2}U_i}{\omega L \sqrt{3}}\cos(\omega t) - \dfrac{U_{dc}t}{3L} + \dfrac{U_{dc}\sigma}{6\omega L} + \dfrac{\pi U_{dc}}{9\omega L}$

对表 4.2 中的表达式进行类似的整理与推导,得到导通角 σ 和直流侧归一化电流 ρ 的近似关系如下:

$$\sigma = (30\rho) \times \frac{\pi}{180} \tag{4.13}$$

4.1.3 控制器设计

为了使功率因数接近于 1,输入相电压一旦经过 0 点,相应相的开关管就应该立刻导通。所以在每一个线电压周期内,每个双向开关(S_a、S_b 和 S_c)都应该导通两次。双向开关的驱动脉冲宽度,由直流侧需要提供的电流大小决定。根据式(4.12)和式(4.13),通过测量直流侧电流 I_{dc} 就可以控制导通角 σ,此导通角与双向开关的驱动脉冲宽度相等。相应的控制器结构如图 4.2 所示。

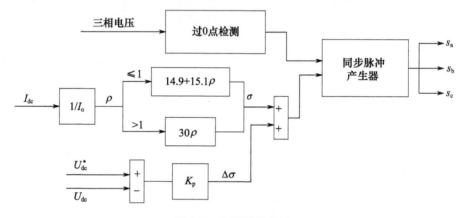

图 4.2 控制器结构图

检测直流侧电压与参考电压进行比较,利用该偏差对导通角 σ 进行补偿。由于二极管的不可控性,对导通角进行补偿后可以得到更优的性能。经过分析与实验验证,$K_p = 0.5$ 效果比较理想。

4.1.4 开关的电压电流应力

为了避免双向开关过载,最大导通角不超过 40°。以 a 相为例,通过双向开关的峰值电流 $I_{SW(peak)}$ 就可以利用将最大导通角 $\sigma = 40°$ 代入表 4.2 中阶段 1 的电流公式计算得到,则

$$I_{SW(peak)} = 0.6291 \cdot \frac{P_o}{U_i} \tag{4.14}$$

因为双向开关在 40°~180° 和 220°~360° 期间是关断的,所以双向开关上的电流有效值 $I_{SW(rms)}$ 和电流平均值 $I_{SW(avg)}$ 分别为

$$I_{SW(rms)} = 0.1225 \cdot \frac{P_o}{U_i} \tag{4.15}$$

$$I_{\text{SW(avg)}} = 0.0238 \cdot \frac{P_o}{U_i} \tag{4.16}$$

由于在一个线电压周期内,每个双向开关(S_a、S_b和S_c)仅仅导通两次,为了减少功率损耗,因此双向开关可以选择低功耗元件。同时,当双向开关关断时,其开关管上的电压应力小于直流侧电压的一半。

4.2 实验验证

为了证明所提出的控制策略的性能,利用 MATLAB – SIMULINK 建立了单位功率因数三相桥式整流电路的模型,并与一个正弦 PWM(SPWM)电压源逆变器相连,这种结构形式是装备电力中最常用的驱动交流电机的一种 AC – DC – AC 变频装置,其结构图如图 4.3 所示。

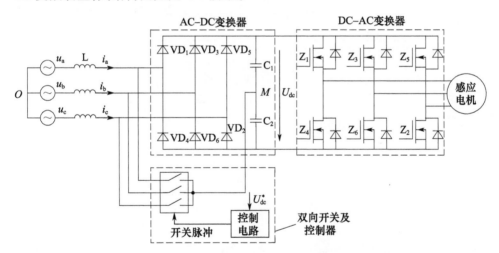

图 4.3　单位功率因数三相桥式整流与逆变器组成的变频器

为了证明所设计变换器的可行性,仿真过程中采用工业常用的样机模型。样机的模型参数如下:

(1) 输入相电压的有效值为 220V;

(2) 输入电压的频率为 50Hz;

(3) 直流侧输出电压参考值为 370V;

(4) 输入电感为 5mH;

(5) 额定输出功率为 1.5kW。

输入电感 L_a、L_b 和 L_c 的临界电感值 L_{critical} 可以根据式(3.11)计算,即

$$L_{\text{critical}} = 3.8489 \times 10^{-2} \cdot \frac{220^2}{50 \times 1500} = 24.84(\text{mH})$$

对于额定输出功率 1.5kW，图 4.3 所示的变频器直流侧电压可以由式(3.10)计算得到，即

$$U_{dc} = 1.3366 \times 220 = 294.05(\text{V})$$

4.2.1 仿真验证

利用动态交流电机驱动模型进行 MATLAB 仿真，可以得到图 4.3 所示模型在额定负载下单位功率因数三相桥式整流的输入电流和相应频谱，如图 4.4 所示。同等工作条件下，常规三相整流的输入电流和相应频谱如图 4.5 所示。

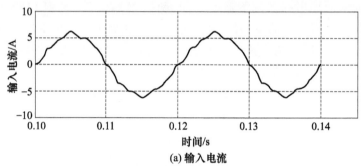

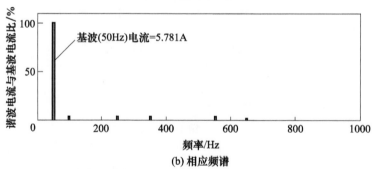

图 4.4 额定负载下单位功率因数整流的输入电流和相应频谱

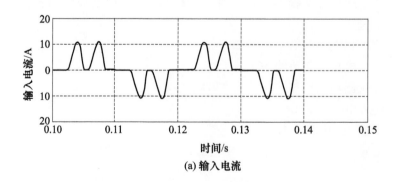

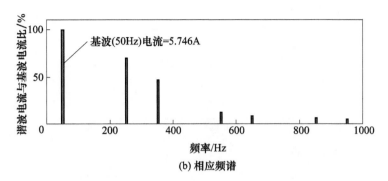
(b) 相应频谱

图 4.5　额定负载下常规整流的输入电流和相应频谱

常规三相整流的输入电流谐波为 85.5%，相应的功率因数为 0.75。与此对应，单位功率因数三相桥式整流的输入电流谐波为 6.5%，相应的功率因数为 0.996。可见，利用这种控制方法可以有效地减小谐波，其中最高的两个谐波（5 次谐波和 7 次谐波）分别降低到只有基波的 3.9% 和 3.8%。

额定负载条件下，通过双向开关的电压和电流如图 4.6 所示，电压、电流的有效值分别为 138.4V 和 0.565A。

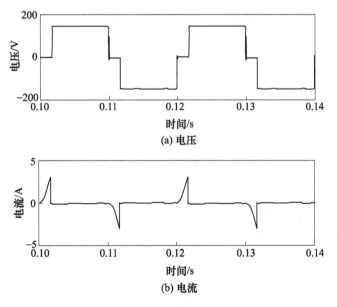

图 4.6　双向开关上的电压和电流

当单位功率因数整流电路工作在额定功率的 40% 和 120% 时，输入电流和相应的频谱分别如图 4.7 和图 4.8 所示。相应的功率因数分别为 0.987 和 0.976。表 4.3 列出了不同负载条件下的性能参数。

63

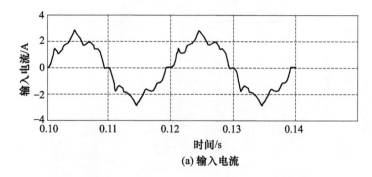

(a) 输入电流

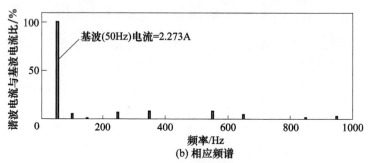

(b) 相应频谱

图 4.7　40% 额定负载下单位功率因数整流的输入电流和相应频谱

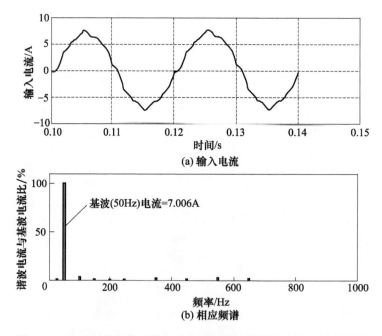

图 4.8　120% 额定负载下单位功率因数整流的输入电流和相应频谱

表 4.3　不同负载条件下的性能参数

负载	$\varphi_1/(°)$	THD/%	PF	U_{dc}/V
40% P_o	3.8	14.9	0.987	295.9
100% P_o	-4.6	6.5	0.995	294.7
120% P_o	-12.1	6.4	0.978	293.1

注：φ_1 代表输入电压与基波电流之间的角度差；功率因数 PF 定义为 $PF = \cos\varphi_1/\sqrt{1+THD^2}$；直流侧额定电压 $U_{dc} = 294.05V$。

由以上讨论可以看出,输入电感在三相整流的优化性能方面起着至关重要的作用。对于一个确定的交流输入网络,线电感可能会因多种原因而发生变化。但是,本章的控制策略能够克服由于电感变化给输入电流带来的影响。当输入电感在一定范围内变化时,单位功率因数三相桥式整流电路双向开关的导通角可以根据电压补偿策略计算出。表 4.4 给出了接入不同输入电感时变换器工作在额定输出功率下的性能参数。从表 4.4 可以看出,即使在输入电感变化 ±10% 的情况下,单位功率因数三相整流电路的性能也很好。

表 4.4　不同输入电感下整流电路的性能参数

输入电感	$\sigma/(°)$	$\varphi_1/(°)$	THD/%	PF	U_{dc}/V
90% $L_{critical}$	29.7	-3.0	6.9	0.996	296.4
100% $L_{critical}$	30.4	-4.6	6.5	0.995	294.7
110% $L_{critical}$	32.2	-8.7	6.0	0.987	290.0

在单位功率因数三相整流电路稳态工作的过程中,$t = 0.14s$ 时负载从额定负载的 50% 突增到额定负载的 100% 时,相电流和直流侧电压的响应如图 4.9

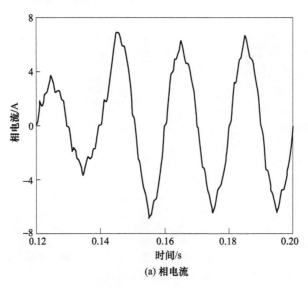

(a) 相电流

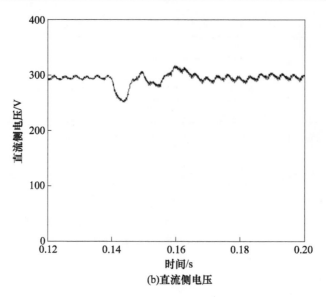

(b) 直流侧电压

图 4.9　负载变化时相电流和直流侧电压响应

所示。由图可以看出,采用本章的低频控制策略控制单位功率因数三相整流电路时,即使负载变化的情况下也能收到很好的控制效果,调节时间较短,超调量也不大。

4.2.2　实验验证

为了进一步验证所提出的控制策略的有效性,根据图 4.3 所示结构,在实验室建立了原理样机。样机的参数与仿真过程中所使用的参数相同。图 4.10 是原理样机的结构。

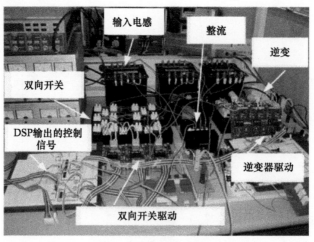

图 4.10　原理样机的结构

第 4 章　低频控制方式

在不加入输入电感和双向开关的情况下,样机与常规三相桥式整流完全一样,当样机工作在额定功率时,其功率因数和输入电流谐波如图 4.11 所示。在加入电感和双向开关,即样机工作在单位功率因数整流时,其功率因数和输入电流谐波如图 4.12 所示。这些波形均用 Fluke－43 在线频谱分析仪测得,图中右上角显示了功率因数的值。图中上部分的波形为输入电压,下部分的波形为输入电流。由图 4.11 和图 4.12 可以看出,加入双向开关前,变换器输入电流的功率因数与总谐波畸变率分别为 0.72 和 91.5%。可见,常规三相桥式整流的功

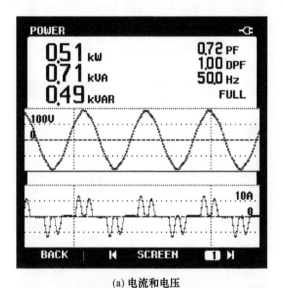

(a) 电流和电压

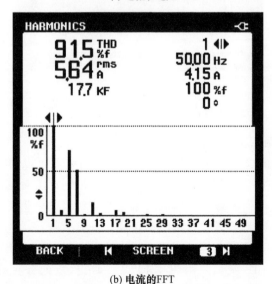

(b) 电流的 FFT

图 4.11　常规三相整流电路的输入电流和电压及电流的 FFT

67

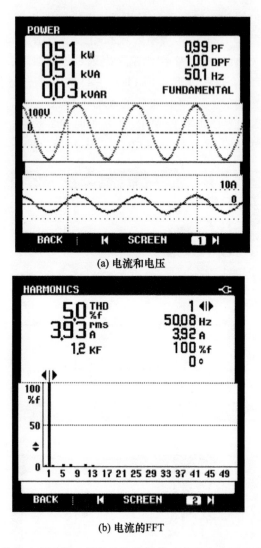

(a) 电流和电压

(b) 电流的FFT

图 4.12　单位功率因数三相整流电路的输入电流和电压及电流的 FFT

率因数很低,谐波畸变也较严重。

与常规三相桥式整流电路相比,所提出的控制策略可以将总谐波畸变率减小到 5.0%,并将功率因数提高到 0.99。显然,该控制策略对总谐波畸变率及其功率因数的改善还是很显著的。实验结果与数字仿真的波形图 4.4 和图 4.5 也是一致的。进一步证明了该控制策略的正确性和有效性。

为了验证双向开关的电压和电流应力,对双向开关内 IGBT 上的电压和电流进行测试,如图 4.13 所示。由图 4.13 可以看出,双向开关导通和关断瞬间 IGBT 上的电压没有超调,从而可以使用不带缓冲电路的 IGBT,所以这种整流电路的价格较低,控制方法简单,容易实现。当直流侧功率为 0.99kW 时,输入功率为 1.02kW,转换效率为 97.0%,相应的相到中点的电压和相电流如图 4.14 所示。

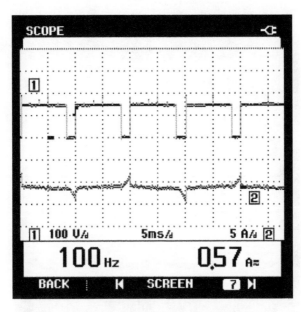

图 4.13 IGBT 上的电压和电流

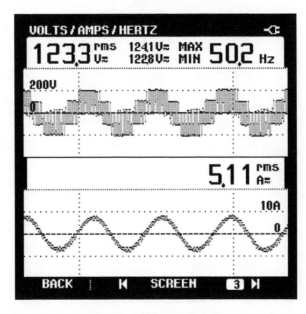

图 4.14 相电压和相电流

当整流器工作在额定负载的 40% 时,其输入电流和电压及对应的电流频谱如图 4.15 所示。变换器的输入电流谐波为 13.3%,功率因数为 0.99。当整流器工作在额定负载的 120% 时,其输入电流和电压及对应的电流频谱如图 4.16 所示。变换器的输入电流谐波和功率因数分别为 5.5% 和 0.99。

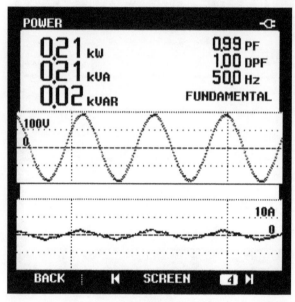

(a) 电流和电压

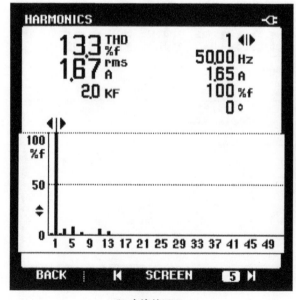

(b) 电流的 FFT

图 4.15 工作在额定负载的 40% 时整流器输入电流和电压及电流的 FFT

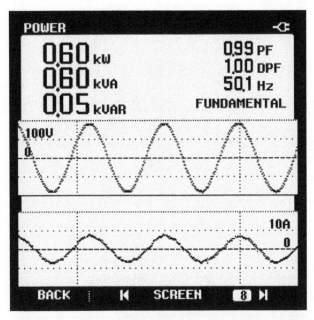

(a) 电流和电压

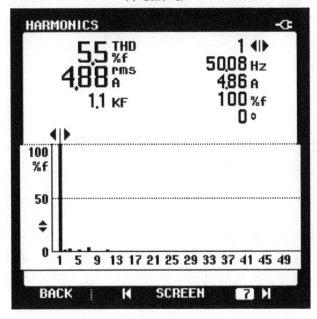

(b) 电流的FFT

图 4.16 工作在额定负载的 120% 时整流器输入电流和电压及电流的 FFT

在低频控制下,直流侧电压能够维持在额定电压的 3% 以内。

不同负载下的导通角 σ 如图 4.17 所示,可见,随着负载的变化为了维持直流侧电压的稳定,双向开关的导通角是随时调整的。

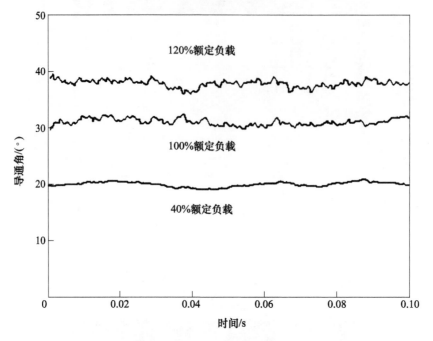

图 4.17 不同负载下的导通角 σ

4.3 三相电压不平衡供电

实际工况下,由于负载的不平衡或者不对称,三相供电电压经常处于不平衡状态,单位功率因数三相整流的性能和输入电流的质量将随着三相电压不平衡程度的增加而变差[1]。近年来,静态变换器(AC - DC 和 AC - AC)在装备上的应用日益增多,这些变换器具有非线性的本质属性,于是大量谐波电流注入装备电网中,进一步使得装备的功率因数降低并随着负载的变化而变化。

大多数用电设备都是在假设三相供电电压对称且基波频率为 50/60Hz 的情况下设计的。采用适当的设计,不平衡负载下强迫变换器的开关管换流,也可以提高变换器的性能[2]。然而,带有电容滤波的三相二极管不控整流电路对三相供电电压的不平衡状态非常敏感,即使是在供电电压不平衡程度较轻的情况下,三相二极管不控整流都将给电网带来不平衡程度较高的线电流[3-4]。

美国国家标准协会制定的 ANSI C84.1—2011《美国电力系统及设备电压等级(60Hz)》标准建议,电力系统应该设计和运行的三相最大不平衡电压为 3%,这个最大值应该在电力系统不带载情况下由电力公共事业部门测得。国际电工委员会(IEC)建议,三相最大不平衡电压不超过 2%[5]。对本章的控制方法在三相电网电压不平衡度为 10% 时,利用图 4.3 所示的整流逆变结构中进行实验。

假设三相不平衡电压的有效值分别为 U_{an}、U_{bn} 和 U_{cn},相对应的零序、正序和负序电压分别为

$$U_0 = \frac{U_{an} + U_{bn} + U_{cn}}{3} \quad (4.17)$$

$$U_P = \frac{U_{an} + \xi \cdot U_{bn} + \xi^2 \cdot U_{cn}}{3} \quad (4.18)$$

$$U_N = \frac{U_{an} + \xi^2 \cdot U_{bn} + \xi \cdot U_{cn}}{3} \quad (4.19)$$

式中:ξ 称为复数算子,且有 $\xi = 1\angle120°$ 和 $\xi^2 = 1\angle240°$。不平衡因子 v 定义为[6-7]

$$v = \frac{|U_N|}{|U_P|} \quad (4.20)$$

10% 的不平衡度如下:a 相电压 127V(1p.u.),b 相电压 108V(0.85p.u.),c 相电压 152V(1.20p.u.)。

4.3.1 仿真验证

利用 MATLAB – SIMULINK 模型,a 相输入电流波形及其相应的频谱分析结果如图 4.18 所示,图 4.18(a)中实线为输入的不平衡电流,虚线为三相供电电压平衡时相应的 a 相输入电流。类似地,b 相和 c 相的结果分别如图 4.19 和图 4.20 所示。

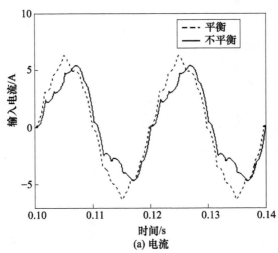

(a) 电流

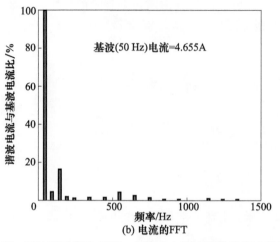
(b) 电流的FFT

图 4.18 10% 不平衡电压下 a 相输入电流波形及其相应的频谱

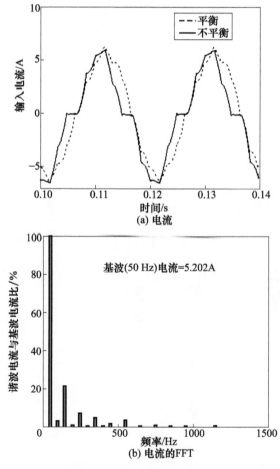

图 4.19 10% 不平衡电压下 b 相输入电流波形及其相应的频谱

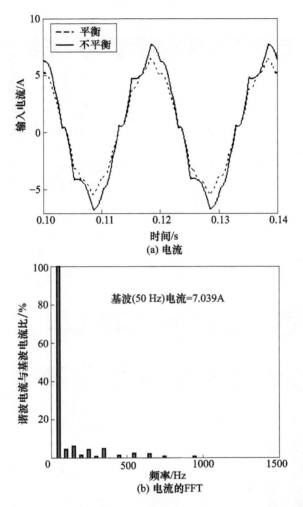

图 4.20 10% 不平衡电压下 c 相输入电流波形及其相应的频谱

由仿真结果可以得出,即使在三相电压不平衡的情况下,利用本章的控制方法控制单位功率因数整流的双向开关,三相输入电流的不平衡度相应降低,谐波含量降低,使得功率因数提高。

4.3.2 实验验证

采用同样的参数在三相电压不平衡时进行实验验证,a 相输入电流波形及其相应的频谱分析如图 4.21 所示,b 相和 c 相输入电流波形及其相应的频谱分析分别如图 4.22 和图 4.23 所示。由实验结果同样可以看出,在三相电压不平衡情况下,利用本章的控制方法控制单位功率因数整流的双向开关,三相输入电流的不平衡度和谐波含量均会下降,功率因数得到提高。

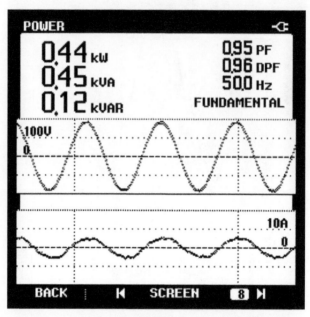

(a) 电流

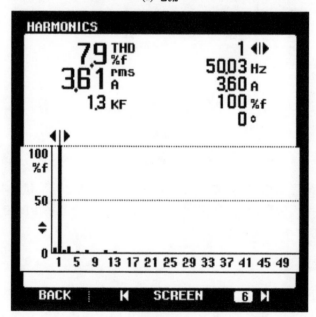

(b) 电流的FFT

图 4.21　10% 不平衡电压下 a 相输入电流波形及其相应的频谱

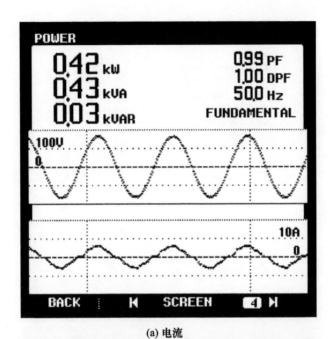

(a) 电流

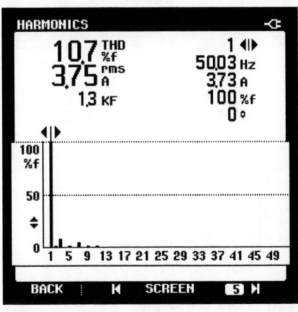

(b) 电流的FFT

图 4.22　10% 不平衡电压下 b 相输入电流波形及其相应的频谱分析

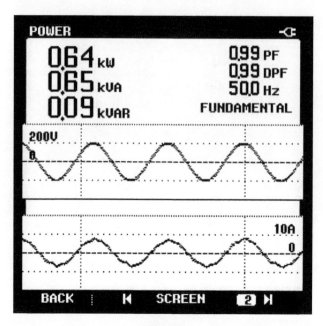

(a) 电流

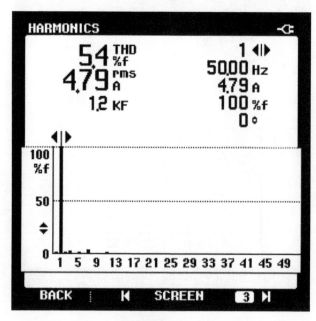

(b) 电流的FFT

图 4.23　10% 不平衡电压下 c 相输入电流波形及其相应的频谱分析

参考文献

[1] DANIEL F, CHAFFAI R, AL‐HADDAD K, etal. A new modulation technique for reducing the input current harmonics of a three‐phase diode rectifier with capacitive load[J]. IEEE Transactions on Industry Applications,1997,33(5): 1185‐1193.

[2] RICE D E. A detailed analysis of six‐pulse converter harmonic currents[J]. IEEE Transactions on Industry Applications,1994,30(2):294‐304.

[3] RASHID M H, MASWOOD A I. Analysis of three phase ac‐dc converters under unbalanced supply conditions [J]. IEEE Transactions on Industry Applications,1988,24:449‐455.

[4] MASWOOD A I, JOOS G, ZIOGAS P D, etal. Problems and solutions associated with the operation of phase‐controlled rectifiers under unbalanced input voltage conditions[J]. IEEE Transactions on Industry Applications,1991,27(4):765‐772.

[5] BAUTA M, GROTZBACH M. Noncharacteristic line harmonics of ac/dc converters with high dc current ripple [J]. IEEE Transactions on Power Delivery,2000,15(3):1060‐1066.

[6] CHOI S. A three‐phase unity‐power‐factor diode rectifier with active input current shaping[J]. IEEE Transactions on Industrial Electronics,2005,52(6): 1711‐1714.

[7] QIAO C, SMEDLEY K M. A general three‐phase PFC controller for rectifiers with a series‐connected dual‐boost topology [J]. IEEE Transactions on Industry Applications,2002,38(1):137‐148.

第5章 滞环电流控制

  Meal 和 Barbi 创造性地提出了图 3.1 中的单位功率因数整流电路[1],该拓扑在三相二极管桥式整流电路中加入三个双向开关,双向开关中的 IGBT 工作在低频下就可以提高输入侧的功率因数。当相应的相电压过零点时,该相的双向开关导通 30°角,这样就可以使输入电流波形接近正弦波,且谐波畸变率低于 6.6%,功率因数大约为 0.99。然而,要达到这个效果,其输入电感要由式(3.11)确定(一般由输入相电压 U_i,电压的频率 f 和整流电路的额定输出功率 P_o 决定)。所以,这一技术要想很好的实现,整流器的输出功率要固定,并且还要工作在最优的电感配置上[2]。因此文献[1]中的拓扑电路其直流侧电压对负载的变化非常敏感,并且在输出功率变换不大时才能达到最好的效果。

  基于同样的结构,第 4 章给出了考虑到整流电路实际负载时的控制策略,当输出功率在一个较宽的范围内变化时,由于第 4 章的控制器可以决定双向开关的导通次数,因而整流电路都可以达到一个较好的效果。然而由于输出功率较低时需要较大的输入电感,所以第 4 章的控制方法比较适用于输出功率中等偏上的情况。例如,当输出功率为 8kW 时最优输入电感仅为 4mH,而输出功率为 1.5kW 时最优输入电感就要 24mH,如此大的电感将导致输出功率较低时,整流器的体积很大,同时适用性变差。当输出功率较低时,单位功率因数整流的性能也要稳定,这也是对整流电路的基本要求。

  减小单位功率因数三相桥式整流电路输入电感的有效措施就是提高双向开关中开关管的开关频率。本章将首先建立高开关频率控制双向开关时单位功率因数整流器的数学模型,然后提出双向开关的高频控制策略,在高频控制下,单位功率因数整流电路的输入电流为正弦波,且与输入电压的相位保持一致。同时,当直流侧电压在较大的范围内变化时,整流器的输出电压依然能够维持稳定。

  然而在实际使用装备用电设备时,不仅供电的三相电压会不平衡,由于整流设备的使用,供电电压的畸变也是不可避免的,尤其是对装备这样的弱电网,电压畸变将更严重。研究双向开关的高频控制也需要考虑供电电压的不平衡和畸变。所以,本章将使用基于滞环控制的同步参考电流控制法控制单位功率因数三相桥式整流电路的双向开关,在滞环电流控制下,整流电路输入的电流非常接近正弦波,并且当负载在较宽的范围内变化时,即使供电电压不平衡或畸变情况下,直流侧电压仍然能够很好地保持稳定。

5.1 滞环电流控制方式

滞环电流控制技术用于控制图 3.1 所示单位功率因数三相桥式整流电路。在这种控制方式下,输入电流连续且功率因数接近 1。该控制方法的优点在于双向开关工作在高频下,所以即使输入电感很小,单位功率因数三相桥式整流电路除了功率因数能够接近 1 之外,输出电压也较高,输出功率范围大,同时控制方法简单、鲁棒性强。

5.1.1 三相桥式整流的数学模型

对于图 3.1 所示单位功率因数三相桥式整流电路,利用基尔霍夫定律可得 a 相的电压关系如下:

$$L\frac{\mathrm{d}i_\mathrm{a}}{\mathrm{d}t} = u_\mathrm{a} - (u_{AN} + u_{NO}) \tag{5.1}$$

式中:u_{AN} 是 A 点到 N 点的电位差;u_{NO} 是 N 点到参考中性点 O 点的电位差。当双向开关 S_a 关断时,有

$$u_{AN} = \begin{cases} u_{o1} + u_{o2} & (i_\mathrm{a} > 0) \\ 0 & (i_\mathrm{a} < 0) \end{cases} \tag{5.2}$$

当双向开关 S_a 闭合时,有

$$u_{AN} = u_{o2} \tag{5.3}$$

由式(5.2)和式(5.3)联立求解,可以得到 u_{AN} 的表达式:

$$u_{AN} = u_{o2} s_\mathrm{a} + (1 - s_\mathrm{a}) \mathrm{sign}(i_\mathrm{a})(u_{o1} + u_{o2}) \tag{5.4}$$

式中

$$\mathrm{sign}(i_\mathrm{a}) = \begin{cases} 1 & (i_\mathrm{a} > 0) \\ 0 & (i_\mathrm{a} < 0) \end{cases} \tag{5.5}$$

s_a、s_b 和 s_c 分别代表双向开关 S_a、S_b 和 S_c 的开关状态,例如 $s_\mathrm{a} = 1$ 表示双向开关闭合,$s_\mathrm{a} = 0$ 则表示双向开关关断。

由此,式(5.1)可以写成

$$L\frac{\mathrm{d}i_\mathrm{a}}{\mathrm{d}t} = u_\mathrm{a} - u_{o2} s_\mathrm{a} - (1 - s_\mathrm{a}) \mathrm{sign}(i_\mathrm{a})(u_{o1} + u_{o2}) - u_{NO} \tag{5.6}$$

同样,对于 b 相和 c 相也有

$$L\frac{di_b}{dt} = u_b - u_{o2}s_b - (1-s_b)\text{sign}(i_b)(u_{o1}+u_{o2}) - u_{NO} \quad (5.7)$$

$$L\frac{di_c}{dt} = u_c - u_{o2}s_c - (1-s_c)\text{sign}(i_c)(u_{o1}+u_{o2}) - u_{NO} \quad (5.8)$$

对于三相供电电压平衡的电网,u_{NO}可以由式(5.6)~式(5.8)相加得到:

$$\begin{aligned}u_{NO} = &-\frac{u_{o1}}{3}(1-s_a)\text{sign}(i_a) - \frac{u_{o2}}{3}[s_a + (1-s_a)\text{sign}(i_a)] - \\ &\frac{u_{o1}}{3}(1-s_b)\text{sign}(i_b) - \frac{u_{o2}}{3}[s_b + (1-s_b)\text{sign}(i_b)] - \\ &\frac{u_{o1}}{3}(1-s_c)\text{sign}(i_c) - \frac{u_{o2}}{3}[s_c + (1-s_c)\text{sign}(i_c)]\end{aligned} \quad (5.9)$$

于是,式(5.6)~式(5.8)可以重写为

$$\begin{cases} L\dfrac{di_a}{dt} = u_a + u_{o1}a_1 + u_{o2}a_2 \\ L\dfrac{di_b}{dt} = u_b + u_{o1}b_1 + u_{o2}b_2 \\ L\dfrac{di_c}{dt} = u_c + u_{o1}c_1 + u_{o2}c_2 \end{cases} \quad (5.10)$$

用x_1代表a_1、b_1和c_1,用x_2代表a_2、b_2和c_2,则有

$$\begin{cases}\begin{aligned}x_1 = &\Big[-(1-s_x)\text{sign}(i_x) + \frac{1}{3}(1-s_a)\text{sign}(i_a) + \\ &\frac{1}{3}(1-s_b)\text{sign}(i_b) + \frac{1}{3}(1-s_c)\text{sign}(i_c) \Big]u_{o1} \end{aligned}\\ \begin{aligned}x_2 = &\Big[-(1-s_x)\text{sign}(i_x) + \frac{1}{3}(1-s_a)\text{sign}(i_a) + \frac{1}{3}(1-s_b)\text{sign}(i_b) + \\ &\frac{1}{3}(1-s_c)\text{sign}(i_c)\Big]u_{o2} + \Big[-s_x + \frac{1}{3}(s_a+s_b+s_c)\Big]u_{o2} \quad x=a,b,c\end{aligned}\end{cases}$$

$$(5.11)$$

对于图3.1,可以得到另两个方程:

$$C_1\frac{du_{o1}}{dt} = i_a d_1 + i_b d_2 - \frac{(u_{o1}+u_{o2})}{R_o} \quad (5.12)$$

$$C_2 \frac{du_{o2}}{dt} = i_a e_1 + i_b e_2 - \frac{(u_{o1} + u_{o2})}{R_o} \qquad (5.13)$$

式中

$$\begin{cases} d_1 = (1-s_a)\mathrm{sign}(i_a) - (1-s_c)\mathrm{sign}(i_c) \\ d_2 = (1-s_b)\mathrm{sign}(i_b) - (1-s_c)\mathrm{sign}(i_c) \\ e_1 = -(1-s_a)[1-\mathrm{sign}(i_a)] + (1-s_c)[1-\mathrm{sign}(i_c)] \\ e_2 = -(1-s_b)[1-\mathrm{sign}(i_b)] + (1-s_c)[1-\mathrm{sign}(i_c)] \end{cases} \qquad (5.14)$$

5.1.2 滞环电流控制

图 3.1 所示的单位功率因数三相桥式整流的双向开关可以采用滞环电流控制(HCC)技术进行控制,对于供电电压平衡的三相电网,假设其功率因数为 1,则三相电压和参考电流可以表示为

$$\begin{cases} u_a = \sqrt{2}\,U_i \sin(\omega t) \\ u_b = \sqrt{2}\,U_i \sin\left(\omega t - \frac{2\pi}{3}\right) \\ u_c = \sqrt{2}\,U_i \sin\left(\omega t + \frac{2\pi}{3}\right) \end{cases} \qquad (5.15)$$

$$\begin{cases} i_{refa} = \sqrt{2}\,I_{ref}\sin(\omega t) \\ i_{refb} = \sqrt{2}\,I_{ref}\sin\left(\omega t - \frac{2\pi}{3}\right) \\ i_{refc} = \sqrt{2}\,I_{ref}\sin\left(\omega t + \frac{2\pi}{3}\right) \end{cases} \qquad (5.16)$$

式中:U_i 和 I_{ref} 分别是相电压和相电流的有效值。二极管 VD_1、VD_3 和 VD_5 导通的条件为:二极管所在相的电压为正半周且同相的双向开关关断。同样,二极管 VD_4、VD_6 和 VD_2 导通的条件为:二极管所在相的电压为负半周且同相的双向开关也关断。

采用局部平均法证明交流电源和直流母线的瞬时功率平衡。当输入电压平衡时,单位功率因数三相整流的等效电路示于图 5.1(a)中,图 5.1(a)中的三相整流可以用三个单相电路来进一步等效,每一个单相的工作情况示于图 5.1(b)中。为了分析方便,图 5.1 中三相中点到电容中点之间用虚线连接,该虚线部分实际并不存在。

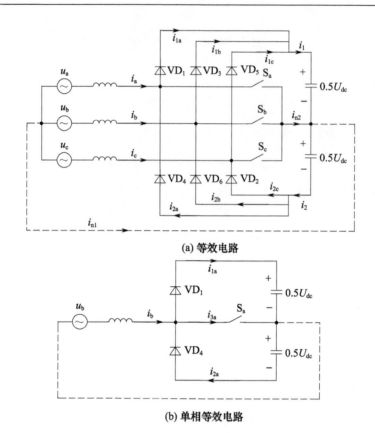

图 5.1 电压平衡时单位功率因数三相整流电路的等效电路

利用滞环电流控制技术控制单位功率因数整流电路的三个双向开关，其中一个开关周期内的 a 相电流如图 5.2 所示，a 相二极管 VD_1 与 a 相的双向开关 S_a 交替导通，使得 a 相电流 i_a 可以在滞环宽度 I_w 范围内跟踪其参考电流。

1. 参考电流 I_{refa} 正半周

在 $0 < t < t_1$ 阶段，输入电流 i_a 经双向开关 S_a 提供，电流由 $I_{refa} - 0.5I_w$ 增加到 $I_{refa} + 0.5I_w$。同样，在 $t_1 < t < (t_1 + t_2)$ 阶段，双向开关 S_a 关断，电感上的输入电流 i_a 由整流二极管 VD_1 提供续流。假设 $t_1 + t_2$ 阶段很短，I_{refa} 可以视为一个恒定值。

经过整流二极管 VD_1 的电流 i_{1a} 和经双向开关 S_a 的电流 i_{3a}，分别如图 5.2(b) 和图 5.2(c) 所示。相应的局部平均电流 $\hat{i}_{1a}$ 和 $\hat{i}_{3a}$ 如下：

$$\hat{i}_{1a} = \frac{\int_{t_1}^{t_1+t_2} i_{refa} \, dt}{t_1 + t_2} \approx \frac{i_{refa} t_2}{t_1 + t_2} \tag{5.17}$$

第 5 章　滞环电流控制

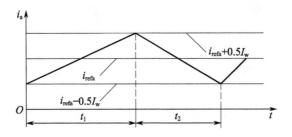

(a) a 相电流在滞环宽度的上、下限跟踪参考电流

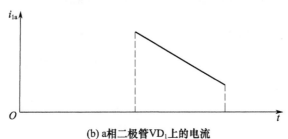

(b) a 相二极管 VD₁ 上的电流

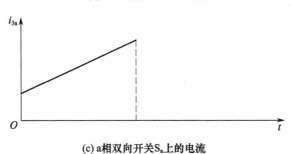

(c) a 相双向开关 Sₐ 上的电流

图 5.2　一个开关周期内的 a 相电流

$$\hat{i}_{3a} = \frac{i_{\text{refa}} t_1}{t_1 + t_2} \tag{5.18}$$

当双向开关 S_a 闭合时,有

$$L \frac{\mathrm{d}i_a}{\mathrm{d}t} = u_a \tag{5.19}$$

在 $t = t_1$ 时刻,a 相输入电流 i_a 已经由 $I_{\text{refa}} - 0.5I_w$ 增加到 $I_{\text{refa}} + 0.5I_w$,式(5.19)可以写为

$$L \frac{I_w}{t_1} = u_a \tag{5.20}$$

于是,t_1 可以通过计算得到

$$t_1 = \frac{LI_w}{u_a} \tag{5.21}$$

85

当双向开关 S_a 关断,整流二极管 VD_1 提供续流到 t_2 时,a 相电感上的输入电流 i_a 已经由 $I_{refa} + 0.5I_w$ 减小到 $I_{refa} - 0.5I_w$。

$$L\frac{di_a}{dt} = u_a - 0.5U_{dc} \tag{5.22}$$

同样,由式(5.22)可以计算得到 t_2:

$$t_2 = \frac{LI_w}{0.5U_{dc} - u_a} \tag{5.23}$$

式中:$0.5U_{dc} > u_a$。因为如果 $0.5U_{dc} < u_a$,则 a 相电流将不能很好地控制在滞环宽度内,进一步三相整流的功率因数目标也就不能实现。将式(5.21)和式(5.23)代入式(5.17),局部电流平均值 $\hat{i}_{1a}$ 可以写为

$$\hat{i}_{1a} = \frac{2u_a}{U_{dc}}i_{refa} \tag{5.24}$$

在参考电流 I_{refa} 正半周阶段,二极管 VD_4 反向偏置,没有电流通过。

2. 参考电流 I_{refa} 负半周

在参考电流 I_{refa} 负半周阶段,a 相电压也在负半周。二极管 VD_1 反向偏置,a 相电流将通过二极管 VD_4 续流,与参考电流 I_{refa} 正半周采用类似的计算方法。

局部电流平均值 $\hat{i}_{2a}$ 可以写为

$$\hat{i}_{2a} = \frac{2u_a}{U_{dc}}i_{refa} \tag{5.25}$$

采用类似的计算方法,b 相和 c 相电流的局部电流平均值如下:

$$\hat{i}_{1b} = \begin{cases} \dfrac{2u_b}{U_{dc}}i_{refb} & (i_{refb} \geq 0) \\ 0 & (i_{refb} < 0) \end{cases} \tag{5.26}$$

$$\hat{i}_{2b} = \begin{cases} 0 & (i_{refb} \geq 0) \\ \dfrac{2u_b}{U_{dc}}i_{refb} & (i_{refb} < 0) \end{cases} \tag{5.27}$$

$$\hat{i}_{1c} = \begin{cases} \dfrac{2u_c}{U_{dc}}i_{refc} & (i_{refc} \geq 0) \\ 0 & (i_{refc} < 0) \end{cases} \tag{5.28}$$

$$\hat{i}_{2c} = \begin{cases} 0 & (i_{refc} \geqslant 0) \\ \dfrac{2u_c}{U_{dc}} i_{refc} & (i_{refc} < 0) \end{cases} \tag{5.29}$$

直流侧电流 $\hat{i}_1$ 的最大值将是三个导通的二极管电流 $\hat{i}_{1a}$、$\hat{i}_{1b}$ 和 $\hat{i}_{1c}$ 最大值之和,即

$$\hat{i}_1 = \begin{cases} \dfrac{2u_a}{U_{dc}} i_{refa} + \dfrac{2u_c}{U_{dc}} i_{refc} & \left(0 < \omega t < \dfrac{\pi}{3}\right) \\ \dfrac{2u_a}{U_{dc}} i_{refa} & \left(\dfrac{\pi}{3} < \omega t < \dfrac{2\pi}{3}\right) \\ \dfrac{2u_a}{U_{dc}} i_{refa} + \dfrac{2u_b}{U_{dc}} i_{refb} & \left(\dfrac{2\pi}{3} < \omega t < \pi\right) \\ \dfrac{2u_b}{U_{dc}} i_{refb} & \left(\pi < \omega t < \dfrac{4\pi}{3}\right) \\ \dfrac{2u_b}{U_{dc}} i_{refb} + \dfrac{2u_c}{U_{dc}} i_{refc} & \left(\dfrac{4\pi}{3} < \omega t < \dfrac{5\pi}{3}\right) \\ \dfrac{2u_c}{U_{dc}} i_{refc} & \left(\dfrac{5\pi}{3} < \omega t < 2\pi\right) \end{cases} \tag{5.30}$$

同样,直流侧电流 $\hat{i}_2$ 的最小值将是三个导通的二极管电流 $\hat{i}_{2a}$、$\hat{i}_{2b}$ 和 $\hat{i}_{2c}$ 最小值之和,即

$$\hat{i}_2 = \begin{cases} \dfrac{2u_b}{U_{dc}} i_{refb} & \left(0 < \omega t < \dfrac{\pi}{3}\right) \\ \dfrac{2u_b}{U_{dc}} i_{refb} + \dfrac{2u_c}{U_{dc}} i_{refc} & \left(\dfrac{\pi}{3} < \omega t < \dfrac{2\pi}{3}\right) \\ \dfrac{2u_c}{U_{dc}} i_{refc} & \left(\dfrac{2\pi}{3} < \omega t < \pi\right) \\ \dfrac{2u_a}{U_{dc}} i_{refa} + \dfrac{2u_c}{U_{dc}} i_{refc} & \left(\pi < \omega t < \dfrac{4\pi}{3}\right) \\ \dfrac{2u_a}{U_{dc}} i_{refa} & \left(\dfrac{4\pi}{3} < \omega t < \dfrac{5\pi}{3}\right) \\ \dfrac{2u_a}{U_{dc}} i_{refa} + \dfrac{2u_b}{U_{dc}} i_{refb} & \left(\dfrac{5\pi}{3} < \omega t < 2\pi\right) \end{cases} \tag{5.31}$$

直流侧总的瞬时功率 p_{dc} 如下：

$$p_{dc} = \hat{i}_1 \frac{U_{dc}}{2} + \hat{i}_2 \frac{U_{dc}}{2} = u_a i_{refa} + u_b i_{refb} + u_c i_{refc} \quad (5.32)$$

在不考虑功率损失的情况下，当对三相供电电压平衡且功率因数为 1 时，由式(5.15)，式(5.16)和式(5.32)可以得到

$$p_{dc} = 3U_i I_{ref} = p_{ac} \quad (5.33)$$

式中：p_{ac} 为交流侧瞬时功率。可见，交流侧供电的瞬时功率与直流侧的瞬时功率相等，则单位功率因数下的参考补偿电流为

$$I_{ref} = \frac{U_{dc} I_{dc}}{3U_i} \quad (5.34)$$

式中：U_{dc} 和 I_{dc} 分别为图 3.1 中的直流侧电压和电流。当负载发生变化时，从直流侧吸收的功率必然变化，由式(5.34)可以看出，在滞环电流控制方式下相应的参考电流将相应调整。

在三相供电电压平衡系统中，图 5.1(a)中的交流侧中线电流 i_{n1} 为三相电流之和，由式(5.16)可以计算得到

$$i_{n1} = \sqrt{2} I_{ref} \left[\sin(\omega t) + \sin\left(\omega t - \frac{2\pi}{3}\right) + \sin\left(\omega t + \frac{2\pi}{3}\right) \right] = 0 \quad (5.35)$$

由式(5.35)可以看出，交流侧中线电流 $i_{n1} = 0$，所以图 5.1(a)的中线(虚线)可以去掉。将式(5.15)、式(5.16)和式(5.34)代入式(5.30)可以得到

$$\hat{i}_1 = I_{dc} \left[1 - \frac{1}{3} \sin(3\omega t) \right] \quad (5.36)$$

采用同样的方法可以得到电流 $\hat{i}_2$，即

$$\hat{i}_2 = I_{dc} \left[1 + \frac{1}{3} \sin(3\omega t) \right] \quad (5.37)$$

注入的中线电流 $\hat{i}_{n2}$，应该包括三个双向开关的电流之和，即

$$\hat{i}_{n2} = \hat{i}_2 - \hat{i}_1 = \frac{2I_{dc}}{3} \sin(3\omega t) \quad (5.38)$$

5.1.3 开关的电压电流应力

以 a 相为例，利用式(5.18)、式(5.21)和式(5.23)可以计算出双向开关上的平均电流：

$$I_{\text{sw(avg)}} = \frac{1}{\pi}\int_0^\pi \hat{i}_{3a} \mathrm{d}(\omega t) = \frac{2P_{\text{dc}}}{3U_i}\left(\frac{2}{\pi} - \frac{U_i}{U_{\text{dc}}}\right) \tag{5.39}$$

于是,双向开关上电流的有效值如下:

$$I_{\text{sw(rms)}} = \sqrt{\frac{1}{\pi}\int_0^\pi (\hat{i}_{3a})^2 \mathrm{d}(\omega t)} = \frac{P_{\text{dc}}}{3U_i}\sqrt{1 - \frac{32\sqrt{2}}{3\pi}\left(\frac{U_i}{U_{\text{dc}}}\right) + 6\left(\frac{U_i}{U_{\text{dc}}}\right)^2} \tag{5.40}$$

而双向开关中开关管上的电压仅仅是直流侧电压的一半,因此,低功耗开关元件依然可以使用。

5.1.4 控制器设计

图 5.3 所示为利用滞环电流控制(HCC)方法控制双向开关的结构图。

由于直流侧电压的响应滞后于输出功率的变化,因此很难设计出一款合适的控制器使得直流侧电压能够跟得上输出功率实时变化[3]。而采用图 5.3 所示的滞环电流控制法时,将对输出功率进行检测并反馈到输入端,对输出功率进行偏差控制。同时,直流侧电压的调节作为对输出功率的补偿。当交流侧提供的有功功率与直流侧消耗的有功功率平衡时,参考电流的幅值将由直流侧电压调节和输出功率调节一起决定,从而保证滞环电流控制方式下的单位功率因数三相桥式整流电路在负载波动时依然能够稳定工作。图 5.3 所示滞环电流控制时利用三相供电电压得到同步参考电流的相位角。三相输入电流与相应的参考电流一起送到滞环电流比较器,由滞环电流比较器为三相双向开关 S_a、S_b 和 S_c 产生开关信号。

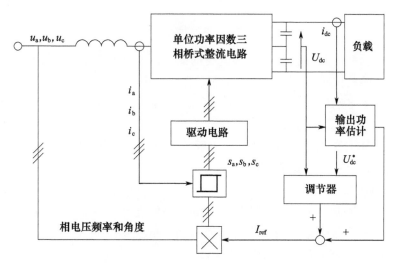

图 5.3 滞环电流控制方法控制双向开关

三相双向开关 S_a、S_b 和 S_c 的开关信号 $s_x(x=a,b,c)$ 由下式给出：

$$s_x = \begin{cases} 1 & (i_x > 0 \text{ 且 } i_x < i_x^* - h) \text{ 或} (i_x < 0 \text{ 且 } i_x > i_x^* + h) \\ 0 & (i_x > 0 \text{ 且 } i_x > i_x^* + h) \text{ 或} (i_x < 0 \text{ 且 } i_x < i_x^* - h) \end{cases} \quad (5.41)$$

式中：h 表示滞环宽度。由于单位功率因数三相桥式整流电路的输入电流连续，因此开关管上的电流应力将减小。a 相的开关模式如图 5.4 所示。

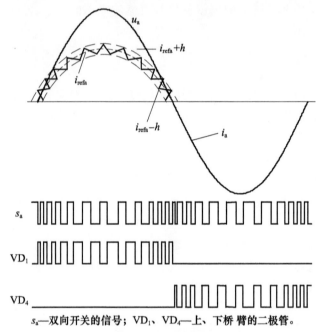

s_a—双向开关的信号；VD_1、VD_4—上、下桥臂的二极管。

图 5.4　a 相的开关模式

当单位功率因数三相桥式整流电路的双向开关工作在高频时，第 3 章所述最优输入电感的要求将不复存在，高频下使用较小的输入电感即可。如果输入侧等效的输入电感较小，就需要另加一个小电感。而当输入侧等效的输入电感较大时，就不需要另加输入电感了。

采用滞环电流控制方式，对图 4.3 所示的结构进行仿真与实验验证。仿真与实验参数也与 4.2 节参数相同。

1. 仿真验证

对设计的控制器利用 MATLAB – SIMULINK 进行仿真，图 5.5 所示为额定输出功率下整流器的输入相电流波形及其相应的频谱分析。从图中可以看出，其功率因数为 0.999，谐波畸变率为 4.3%。

额定输出功率条件下通过双向开关的电压和电流波形如图 5.6 所示，相应的有效值分别是 104.2V 和 1.01A。双向开关的功率损耗约为 15.6%，这种损

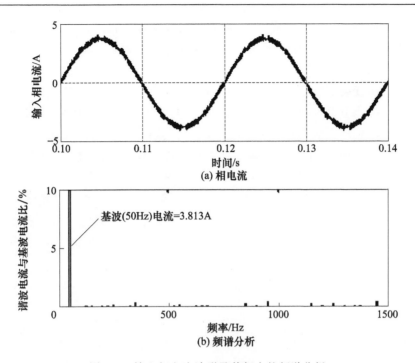

图 5.5 输入相电流波形及其相应的频谱分析

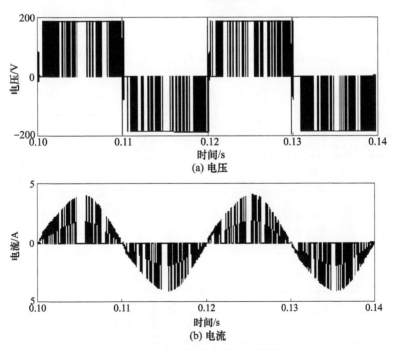

图 5.6 双向开关的电压和电流波形

耗比第 4 章低频控制下损耗高,因为高频下的损耗本来就大,所以高频下的转换效率也相对较低。不过,在中等输出功率及其以下负载条件下工作时,损耗也不会太大,在能接受的范围之内。

为了证明变换器在负载变化时的工作情况,对负载在额定负载之下和之上运行时的情况也分别进行了仿真试验。当变换器工作在额定负载的 50% 时,输入相电流及其相应谐波的频谱分析结果显示,其输入功率因数为 0.996,谐波畸变率为 6.6%。当变换器工作在额定负载的 150% 时,输入相电流及其相应谐波的频谱分析结果显示,其输入功率因数为 0.999,谐波畸变率为 3.0%。对变换器工作在不同功率下的功率因数及总谐波畸变率列于表 5.1,可以看出,当输出功率低于额定输出功率时,单位功率因数三相桥式整流电路的功率因数会变低,总谐波畸变率也会增加;与此相反,当输出功率高于额定功率时,其功率因数会增加,总谐波畸变率也会减小。

表 5.1 不同负载下单位功率因数三相桥式整流的功率因数和总谐波畸变率

负载	50% P_o	100% P_o	150% P_o
功率因数	0.996	0.999	0.999
总谐波畸变率/%	6.6	4.3	3.0

注:P_o 为变换器的额定输出功率。

不同负载下单位功率因数三相桥式整流电路中双向开关的平均开关频率如表 5.2 所列。由表可以看出,当负载发生变化时,平均开关频率的变化很小。

表 5.2 不同负载下双向开关的平均开关频率

负载	50% P_o	100% P_o	150% P_o
开关频率/kHz	6.3	6.6	7.0

注:P_o 为变换器的额定输出功率。

为了进一步说明滞环电流控制的有效性,当输入电感变化时电流谐波频谱也作了相应的分析,因为普通三相桥式整流在输入电感变化时,输入电流谐波频谱是变化的[2]。表 5.3 是额定负载下输入电感变化时电流谐波频谱、功率因数、双向开关的平均开关频率。

表 5.3 不同电感时变换器的参数

输入电感/mH	3	4	5	6	7
输入电流总谐波畸变率/%	4.2	4.2	4.3	4.2	4.3
输入功率因数	0.999	0.999	0.999	0.999	0.999
平均开关频率/kHz	12.2	8.5	6.6	5.2	4.7

由表5.3可以看出,采用本章提出的控制策略控制单位功率因数三相桥式整流的三个双向开关,当输入电感变化时电流谐波畸变不会变差、功率因数不会较小,随着电感的增加双向开关的平均开关频率会降低。

图5.7所示是变换器负载发生变化时,输出功率先由50%突增到100%然后又突减到50%的工况下,变换器的输入相电流和直流侧电压波形。在变换器稳定工作的过程中,$t=0.12\text{s}$时,负载突然增加,$t=0.13\text{s}$时又回到原来的负载。由图5.7可以看出,负载突变时,变换器的输出能很快跟上,直流侧电压波动不大,即变换器的调节时间较短,几乎没有什么超调。从而可以证明,在滞环电流的控制下,单位功率因数三相桥式整流电路在负载突变时仍能可靠工作。

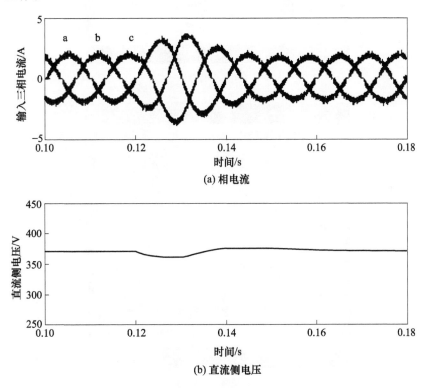

图5.7 变换器的输入相电流和直流侧电压波形

2. 实验验证

对所设计控制器进行了相应的实验验证。图5.1(a)中的注入电流i_{n2}波形如图5.8(a)的下方波形所示,该电流应该等于三个双向开关的电流之和。i_{n2}电流谐波频谱如图5.8(b)所示,由电流谐波频谱可以看出,三次谐波是电流谐波的主要成分。

当变换器工作在额定输出功率时,输入电压及其电流波形如图5.9(a)所

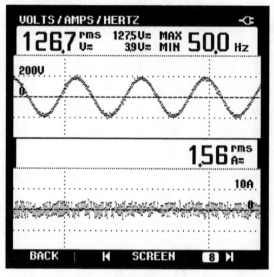

(a) 注入电流

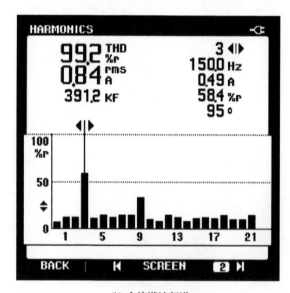

(b) 电流谐波频谱

图 5.8 注入电流 i_{n2} 及其谐波频谱

示,上方是电压波形,下方是电流波形,相应的电流频谱由图 5.9(b) 示出。由图中可以看出总谐波畸变率仅为 4.4%。

当变换器工作在额定负载的 50% 时,对单位功率因数三相桥式整流的输入相电流及其相应谐波的频谱作了相应分析,结果显示其输入功率因数为 0.98,总谐波畸变率为 8.4%。当变换器工作在额定负载的 150% 时,输

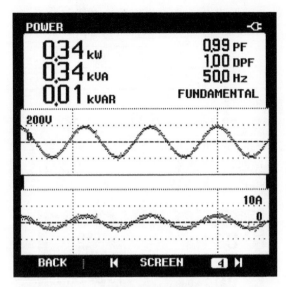

(a) 输入电压和电流

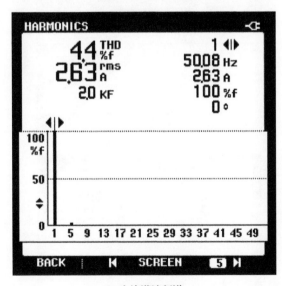

(b) 电流谐波频谱

图 5.9 输入电压和电流以及电流谐波频谱

入相电流及其相应谐波的频谱结果显示,其输入功率因数为 0.99,谐波畸变率为 3.7%。直流侧电压波动大约为 3%。通过实验测得结果对不同输出功率时单位功率因数三相桥式整流电路的功率因数和总谐波畸变率总结于表 5.4。由表 5.4 可以看出,输出功率越小,功率因数也越小,总谐波畸变率越高。

表 5.4　不同负载下单位功率因数三相桥式整流的功率因数和总谐波畸变率

负载	50% P_o	100% P_o	150% P_o
功率因数	0.98	0.99	1
总谐波畸变率/%	8.4	4.4	3.7

注：P_o 为变换器的额定输出功率。

为了进一步分析输入电感的变化对单位功率因数三相桥式整流电路的性能影响，对电感在一定范围内变化时的情况也进行了实验研究。参照表5.3，当电感分别为3mH和7mH时，变换器输入电压和电流及相应的电流谐波频谱分别示于图5.10和图5.11中。由图5.10和图5.11可以看出：即使输入电感不是

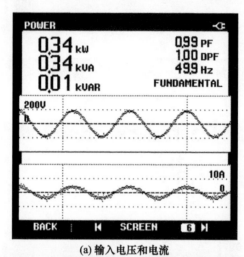

(a) 输入电压和电流

(b) 频谱分析

图 5.10　输入电感为3mH时输入相电压、电流波形及电流的频谱分析

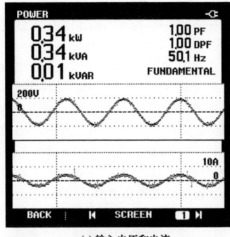

(a) 输入电压和电流

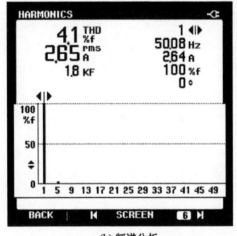

(b) 频谱分析

图 5.11　输入电感为 7mH 时输入相电压、电流波形及电流的频谱分析

最优的电感值,单位功率因数三相桥式整流电路的功率因数仍然接近 1(当输入电感是 3mH 时,功率因数为 0.99,当输入电感是 7mH 时,功率因数为 1);总谐波畸变率也比较小(当输入电感是 3mH 时,总谐波畸变率为 4.5%,当输入电感是 7mH 时,总谐波畸变率为 4.1%)。证明采用本章的控制策略,可以很好地克服单位功率因数三相桥式整流电路在输入电感发生变化时性能变差的缺点。

这些结果都可以证明,单位功率因数三相桥式整流电路的双向开关在滞环电流控制下克服了变换器自身的缺点,例如功率因数随着输出功率、输入电感及负载的变化而变化。

5.2 基于滞环电流控制的同步参考模型

在装备实际运行的过程中,弱电网系统经常发生供电电压不平衡或者畸变的情况。对于典型的整流控制器,参考输入电流的幅值可以通过将直流侧电压偏差乘以一个比例系数得到,频率和初始相位角与输入电压一致。当输入电压不平衡或者非正弦供电时,这种控制方法将在变换器的直流侧或交流侧产生不期望的影响。在交流侧,不可避免地引入不平衡或非正弦的电流,使得电压畸变情况加剧,这对发电机或者大功率供电电网来说是一种很严重的问题。在直流侧,相应功率将会产生波动,导致电压调整特性变差,因此需要采用较大的电容来进行滤波,无疑又增加了系统的成本。

鉴于此,本节将对图3.1所示的单位功率因数三相桥式整流采用基于滞环电流控制的同步参考模型作内环,直流侧电压的控制作外环的方法进行控制。该控制方法尤其适用于低输出功率或者中等输出功率的情况下(即1~10kW负载)。在该控制方法的控制下,即使供电电压不平衡或者存在畸变,单位功率因数三相桥式整流电路的输入电流也能维持很好的正弦波,且直流侧电压能够稳定。

5.2.1 变换器的工作原理及控制器设计

图3.1所示单位功率因数三相桥式整流的双向开关是为了使输入电流为正弦波,且直流侧电压稳定、两个电容上的电压平衡。由图3.1可知

$$\begin{cases} L\dfrac{di_a}{dt} = u_a - (u_{AM} + u_{MO}) \\ L\dfrac{di_b}{dt} = u_b - (u_{BM} + u_{MO}) \\ L\dfrac{di_c}{dt} = u_c - (u_{CM} + u_{MO}) \end{cases} \quad (5.42)$$

式中:u_{MO}为节点M到中性点O的电压;u_{AM}、u_{BM}和u_{CM}分别是节点A、B和C相对于节点M的电压,且有

$$\begin{cases} u_{AM} = \text{sign}(i_a)(1-s_a)\dfrac{U_{dc}}{2} \\ u_{BM} = \text{sign}(i_b)(1-s_b)\dfrac{U_{dc}}{2} \\ u_{CM} = \text{sign}(i_c)(1-s_c)\dfrac{U_{dc}}{2} \end{cases} \quad (5.43)$$

式中：$\text{sign}(i_a)$、$\text{sign}(i_b)$ 和 $\text{sign}(i_c)$ 依据电感电流的极性取值，且

$$\text{sign}(i_a) = \begin{cases} 1 & (i_a \geq 0) \\ -1 & (i_a < 0) \end{cases} \tag{5.44}$$

对于平衡的三相系统，电压 u_{MO} 满足如下关系：

$$u_{MO} = -\frac{(u_{AM} + u_{BM} + u_{CM})}{3} \tag{5.45}$$

注入的中线电流 i_{n2} 应该包括三个双向开关的电流之和。即

$$i_{n2} = i_a s_a + i_b s_b + i_c s_c \tag{5.46}$$

图 5.12 示出基于滞环电流控制的同步参考模型结构图，外环直流侧电压的控制能保证直流侧电压维持在一个常值，并能跟踪参考输入。外环包括直流电压反馈控制和直流电流反馈控制。输入电流调节采用常规滞环电流控制策略实现，利用 Park 变换计算输入参考电流，参考电流的频率经锁相环（PLL）电路得到。在该方法的控制下，直流侧中点 M 的电位能够确保电容两端的电压平衡。

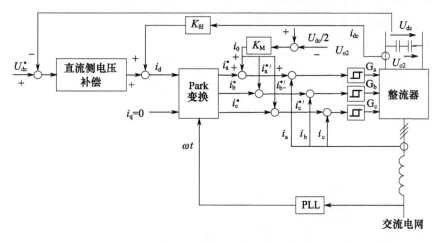

图 5.12 基于滞环电流控制的同步参考模型结构图

1. 电流控制器

三个双向开关的导通时间通过独立的滞环电流控制实现，双向开关的开关信号 $s_x(x=a,b,c)$ 由式(5.41)确定，开关的控制方式由图 5.4 实现。

电压 u_{MO} 由双向开关的开关状态和三相电流的符号确定，所以瞬时电流偏差可能超过滞环宽度"h"，甚至达到"$2h$"[4]。然而，这并不降低控制器的控制性能。

2. 电压控制器

本章的控制系统是基于同步参考模型的控制方法，交流供电电压的角位移

由图 5.12 中的锁相环电路得到,变换器在三相静止坐标下的参考电流由 Park 变换得到

$$\begin{bmatrix} i_a^* \\ i_b^* \\ i_c^* \end{bmatrix} = \sqrt{\frac{2}{3}} \begin{bmatrix} \cos(\omega t) & -\sin(\omega t) \\ \cos(\omega t - 120°) & -\sin(\omega t - 120°) \\ \cos(\omega t + 120°) & -\sin(\omega t + 120°) \end{bmatrix} \begin{bmatrix} i_d \\ i_q \end{bmatrix} \quad (5.47)$$

式中:电流 i_d 和 i_q 分别代表变换器 Park 电流的有功分量和无功分量。由于锁相环电路的功能,ωt 是一个随时间均匀增加的函数,其导数在任何交流电源电压条件下都是恒定值。于是,这一变换角度是受电压不平衡性和电压谐波影响的。

通过控制 Park 电流的有功分量 i_d,变换器直流侧电压应该维持在一个恒定值。而为了让变换器功率因数接近 1,Park 电流的无功分量 i_q 应该等于 0。又由于交流供电侧的中性点和整流器之间没有连接,零序分量一直是 0。

忽略输入电感和变换器消耗的功率,则变换器输入的瞬时功率就等于输出功率和储能元件能量的变化量之和。于是,基于同步参考模型控制的变换器的功率平衡方程可以写为

$$\frac{d}{dt}\left(\frac{1}{2}C_{eq}u_{dc}^2\right) + u_{dc}i_{dc} = \sqrt{3}U_s i_d \cos\varphi - \frac{d}{dt}\left(\frac{1}{2}Li_d^2\right) \quad (5.48)$$

式中:$C_{eq} = C/2$,即 C_{eq} 等于电容值的一半;U_s 是供电电压的线电压有效值。

当变换器工作在单位功率因数时($\cos\varphi = 1$),式(5.48)可以在稳态工作点(I_{dc}、U_{dc})附近线性化:

$$(C_{eq}U_{dc}s + I_{dc})\tilde{u}_{dc}(s) = (\sqrt{3}U_s - LI_d s)\tilde{i}_d(s) - U_{dc}\tilde{i}_{dc}(s) \quad (5.49)$$

稳态工作点电流 I_{dc} 可以通过解式(5.50)得到

$$\sqrt{3}U_s I_d = U_{dc} I_{dc} \quad (5.50)$$

由于内环电流控制的响应时间比外环电压控制的响应时间长,因此两个控制环可以解耦。假设电流控制器的输出可以完全跟踪输入量,则内环电流控制可以忽略。于是,一个简化的电压控制方案示于图 5.13,该控制方案中采用电流前馈控制以提高负载突变时直流侧电压的响应性能。

由式(5.49)可以看出,该方程在复平面内有一个右半平面的零点,电压控制的开环传递函数可以写为式(5.51),相应的闭环传递函数可以由式(5.52)给出。

$$L(s) = G_c(s) \cdot \frac{LI_d}{C_{eq}U_{dc}} \cdot \frac{(\sqrt{3}U_s/LI_d) - s}{s + (I_{dc}/C_{eq}U_{dc})} \quad (5.51)$$

第 5 章 滞环电流控制

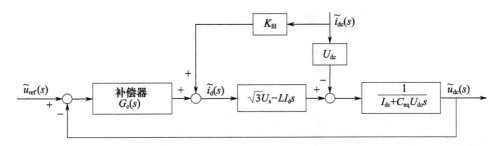

图 5.13 简化的电压控制方案

$$\frac{\tilde{u}_{dc}(s)}{\tilde{u}_{ref}(s)} = \frac{G_c(s)(\sqrt{3}U_s - LI_d s)}{I_{dc} + C_{eq}U_{dc}s + G_c(s)(\sqrt{3}U_s - LI_{dc}s)} \tag{5.52}$$

由式(5.52)可以得到右半平面的零点：

$$z_{zero} = \frac{\sqrt{3}U_s}{LI_d} \tag{5.53}$$

右半平面的零点限制了控制系统的带宽,因为它给稳定时的剪切频率增加了上限。文献[5]中表明,对于右半平面有零点的系统,其开环补偿系统的最大剪切频率为

$$\omega_{gc} \leqslant z\tan\left(\frac{\pi}{2} - \frac{\varphi_m}{2} + n_{gc}\frac{\pi}{4}\right) \tag{5.54}$$

式中：φ_m 是系统的相角裕度；n_{gc} 是在剪切频率 ω_{gc} 处补偿的最小相位控制部分到输出传递函数的波特图的斜率。

电流前馈系数 K_{fd} 为

$$K_{fd} = \frac{U_{dc}}{\sqrt{3}U_s - LI_d s}\bigg|_{s=0} = \frac{U_{dc}}{\sqrt{3}U_s} \tag{5.55}$$

3. 直流侧电容电压的平衡

实际使用时,电流滞环比较器不可避免地存在一定误差,两个电容上的电压不可能完全相等。这种不对称性将引起电容上电压的增加,从而使得变换器上功率半导体器件的阻断电压增加。

直流侧两个电容上的电压差为

$$u_M = \frac{1}{2}(u_{o2} - u_{o1}) = \frac{1}{2C}\int_{t1}^{t2}i_{n2}dt \tag{5.56}$$

式中：u_{o1} 和 u_{o2} 分别是两个电容 C_1 和 C_2 上的电压。

由于三个滞环电流控制器是独立的,由式(5.46)和式(5.56)可以看出,i_{n2} 不总是 0。于是,输出电压不再对称。尽管如此,两个电容上的电压仍然可以通

过给参考电流引入一个小的直流侧补偿分量 i_0 实现平衡：

$$\begin{cases} i_a^{*'} = i_a^* + i_0 \\ i_b^{*'} = i_b^* + i_0 \\ i_c^{*'} = i_c^* + i_0 \end{cases} \tag{5.57}$$

这个小的直流侧补偿分量 i_0 可以由式(5.58)得到,当系统处于稳态时,该补偿分量的直流分量是 0。

$$i_0 = K_M(u_{o1} - u_{o2})/2 \tag{5.58}$$

5.2.2 实验验证

为了验证本节所设计控制器的有效性,对图 4.3 所示结构进行验证,参数选择与 4.2 节相同。

根据式(5.50)和式(5.51),采用简单的比例积分控制器 $G_c(s) = (0.4 + 15/s)$ 作直流侧电压补偿控制器 $G_c(s)$。建立 MATLAB - SIMULINK 模型,进行仿真与实验验证。

1. 仿真验证

当供电电压平衡,且输出功率为额定功率时,变换器三相输入电压和电流波形如图 5.14 所示,输入功率因数和输入电流总谐波畸变率分别为 0.999 和 3.9%。

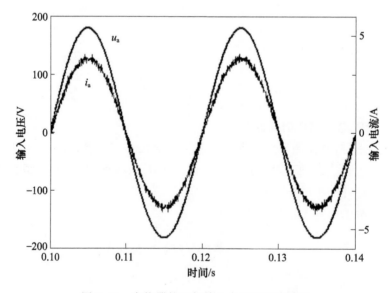

图 5.14 变换器的三相输入电压和电流波形

图 5.15 所示是不平衡的三相供电电压,其不平衡度为 10%。在没有同步参考补偿控制时,变换器的输入电流示于图 5.16,显然此时的输入电流也是不平衡的。图 5.17 是采用本章所提出的控制器对不平衡电压供电下采用同步参考补偿控制时的变换器输入电流波形。非常明显,由于所提出控制策略的快速响应,不平衡电压对输入电流没有实际影响,且三相电流为平衡的正弦波,功率因数为 0.997,电流总谐波畸变率为 4.3%。

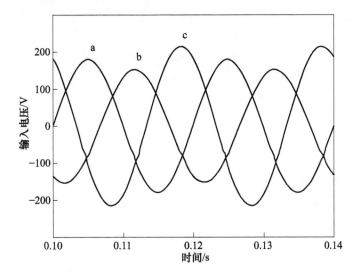

图 5.15 不平衡度为 10% 的三相输入电压

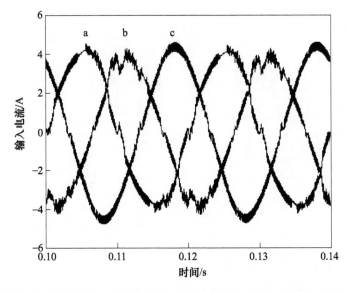

图 5.16 不平衡电压下没有同步参考补偿控制时变换器的输入电流

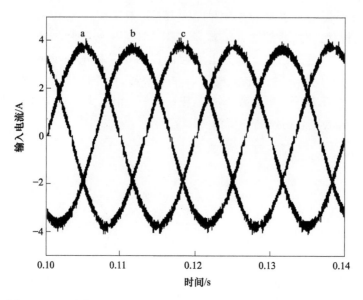

图 5.17 不平衡电压下采用同步参考补偿控制时变换器的输入电流

三相供电电压含有 10% 的 5 次谐波,即非正弦供电电压下,采用同步参考补偿控制时变换器的输入电压和电流波形及电流频谱分别如图 5.18 和图 5.19 所示。由图 5.18 和图 5.19 可以看出,即使供电电压有谐波时,变换器的输入电流也非常接近正弦波,输入功率因数和电流总谐波畸变率分别为 0.998 和 4.5%,这也证明了本章所提出的基于滞环电流控制的同步参考模型法能够有效地解决变换器在装备中实际使用时所遇到的各种不理想工作条件。

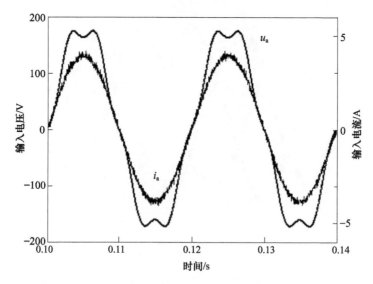

图 5.18 非正弦电压供电时变换器的输入电压和电流波形

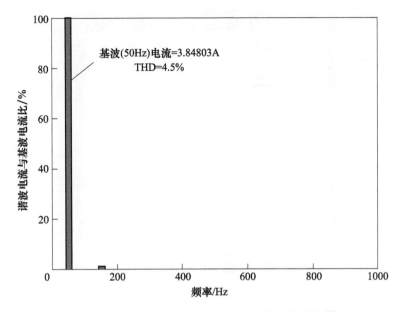

图 5.19 非正弦电压供电时变换器的输入电流频谱

2. 实验验证

为了进一步验证所提出控制策略的有效性,在原理样机上进行了相应的实验。在平衡电压供电且变换器的输出功率为额定输出功率时,变换器的输入电压和电流波形及电流频谱如图 5.20 所示。可以看出,采用基于滞环电流控制的同步参考模型控制法时,输入电流总谐波畸变率和功率因数分别为 4.1% 和 1。

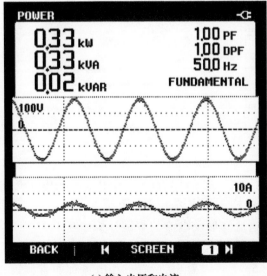

(a) 输入电压和电流

105

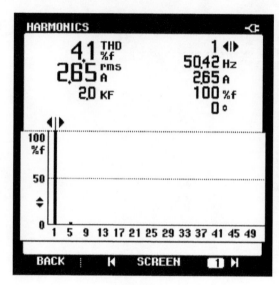

(b) 频谱分析

图 5.20　额定功率下变换器的输入相电压、电流波形及电流的频谱分析

直流侧电容上的电压示于图 5.21,可以看出两个电容上的电压相等。

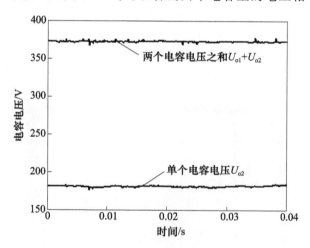

图 5.21　电容上的电压

当三相电压的不平衡度达到 10% 时,采用基于滞环电流控制的同步参考模型控制法时,变换器的输入电流波形示于图 5.22。

a 相输入电压、电流波形及电流的频谱分析如图 5.23 所示,相应的 b 相和 c 相输入电压、电流波形及电流的频谱分析分别如图 5.24 和图 5.25 所示。

由图 5.22~图 5.25 可以看出,所有三相电流都非常接近正弦波,且输入功率因数高于 0.99,输入电流总谐波畸变率小于 4.2%。

第5章 滞环电流控制

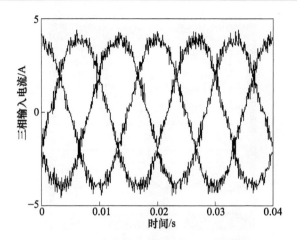

图 5.22 三相电压的不平衡度达到 10% 时变换器的输入电流波形

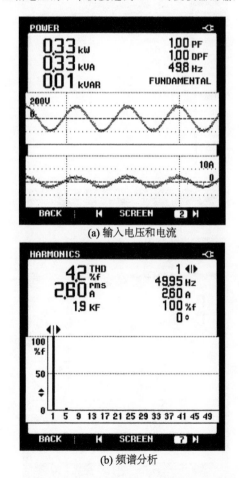

(a) 输入电压和电流

(b) 频谱分析

图 5.23 三相电压的不平衡度达到 10% 时，a 相电压、电流波形及电流的频谱分析

107

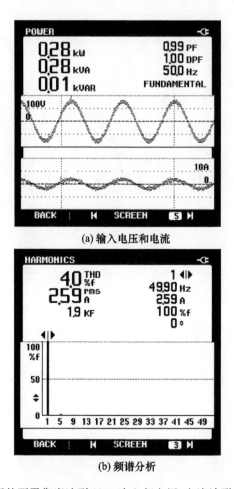

(a) 输入电压和电流

(b) 频谱分析

图 5.24 三相电压的不平衡度达到 10% 时，b 相电压、电流波形及电流的频谱分析

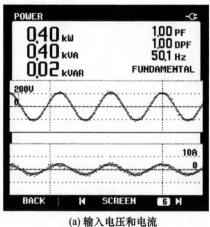

(a) 输入电压和电流

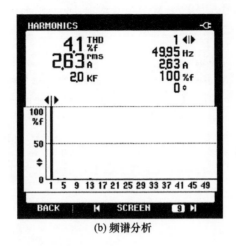

(b) 频谱分析

图 5.25　三相电压不平衡度达 10% 时，c 相电压、电流波形及电流的频谱分析

由于负载的变化，变换器的输出功率突然从额定功率的 100% 增加到 150% 时，直流侧电压和输入电流的响应如图 5.26 所示。由图 5.26 可以看出，直流母线电压立刻下降，然而，由于所提出控制策略的反应速度较快，直流电压又很快恢复了。可以得出结论，本章所提出的控制器使得变换器在负载突变时具有很好的响应性能。

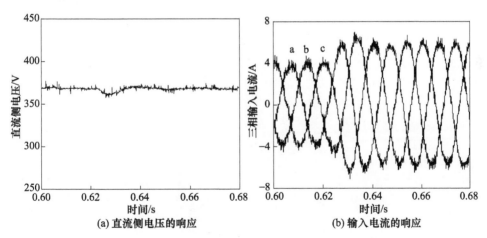

(a) 直流侧电压的响应　　(b) 输入电流的响应

图 5.26　负载突变时变换器的响应

参考文献

[1] MEHL E L M, BARBI I. Design oriented analysis of a high power factor and low cost three – phase rectifier [C]//Proceedings of 27th Annual IEEE Power Electronics Specialists Conference. Baveno, Italy: 1996, 165 – 170.

[2] DANIEL F,CHAFFAI R,AL – HADDAD K,et al. A new modulation technique for reducing the input current harmonics of a three – phase diode rectifier with capacitive load[J]. IEEE Transactions on Industry Applications,1997,33(5): 1185 – 1193.

[3] LIAO J C,YEH S N. A novel instantaneous power control strategy and analytic model for integrated rectifier/inverter systems[J]. IEEE Transactions on Power Electronics,2000,15(6):996 – 1006.

[4] COVIC G A,PETERS G L,BOYS J T. An improved single phase to three phase converter for low cost ac motor drives [C]. Proceedings of 1995 International Conference on Power Electronics and Drive Systems. Singapore:1995,549 – 554.

[5] QIAO C,SMEDLEY K M. Three – phase unity – power – factor VIENNA rectifier with unified constant – frequency integration control[C]. Proceedings of 7th IEEE International Power Electronics Congress. Mexico,Mexico:2000,125 – 130.

第6章　变滞环宽度的电流控制方式

由第4章和第5章可以发现,单位功率因数三相桥式整流电路的双向开关在滞环电流控制方式下具有容易实现、鲁棒性好、负载突变时跟踪性能好等优点。但是,在该方法的控制下,双向开关的开关频率不确定,从而引入输入电流的谐波分量。另外,电流滞环的宽度是固定的,所以当输出功率变化时,在该方法的控制下单位功率因数三相桥式整流电路不能总提供最优的电流波形,三相间相互干扰时,瞬时电流偏差甚至达到两倍的滞环宽度。

本章将采用平均电流控制策略,来控制单位功率因数三相桥式整流电路的双向开关。平均电流控制策略的开关频率固定,控制性能较好。但是该控制方法的开关频率较高,于是本章继续研究了变滞环宽度的控制策略。该方法可以降低开关频率,变换器的功率因数接近1,输入电流接近正弦波。

6.1　平均电流控制与滞环电流控制

平均电流控制法具有抑制噪声、无须补偿、开关频率固定等优点。本章将利用该方法控制图3.1单位功率因数三相桥式整流电路的双向开关,并与滞环电流控制进行比较。

6.1.1　平均电流控制

1. 电流控制器

平均电流控制法是基于图6.1所示的三角波比较原理,即瞬时电流偏差先经过比例积分控制器PI调节后,再与一个锯齿波进行比较,如果偏差比锯齿波的幅值高,就将该偏差限制在滞环宽度内。单位功率因数三相桥式整流电路的三个双向开关用同一个载波信号,比例积分控制器PI的积分环节通过减少参考电流与实际电流之间的偏差提高跟踪性能[1]。PI控制器的输出信号斜率应该低于载波锯齿波的斜率,才能保证两个波形有交叉。锯齿波的幅值和频率与PI控制器的参数可以按照文献[2]中的标准设置。

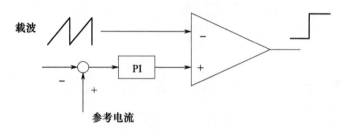

图 6.1 平均电流控制法

2. 电压控制器

图 3.1 所示单位功率因数三相桥式整流电路的瞬时功率方程如下：

$$\frac{d}{dt}\left(\frac{1}{2}C_{eq}u_{dc}^2\right) + \frac{u_{dc}^2}{R} = \frac{3}{2}\left[U_iI_i\cos\varphi - \frac{d}{dt}\left(\frac{1}{2}LI_i^2\right)\right] \quad (6.1)$$

式中：$C_{eq} = C/2$，即 C_{eq} 等于电容值的一半；U_i 和 I_i 分别是供电电压和电流的有效值；φ 是 U_i 和 I_i 相角差。

对功率方程式(6.1)在其工作点(U_{dc0}, I_{dc0})附近线性化，并根据单位功率因数时 $\varphi = 0$，得到

$$G_v(s) = \frac{3(U_{i0} - sLI_{i0})}{2sC_{eq}U_{dc0} + 4U_{dc0}/R} \quad (6.2)$$

由于内环电流控制的响应速度比外环电压控制的响应速度快很多，因此在假设电流控制器的输出可以完全跟踪输入量的前提下，内环电流控制可以忽略。于是整个控制简化为一个简单的电压控制。

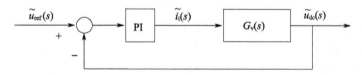

图 6.2 电压控制方案

图 6.3 所示是单位功率因数三相桥式整流电路采用平均电流控制时的结构图。图中，PI_1 是图 6.1 中平均电流控制的比例积分控制器 PI，PI_2 是图 6.2 中平均电压控制的比例积分控制器 PI。

6.1.2 仿真与实验

为了验证平均电流控制法的优越性，对平均电流控制法和滞环电流控制法进行比较，参数选择如下：

（1）交流供电电压为 220V；

（2）供电频率为 50Hz；

第6章　变滞环宽度的电流控制方式

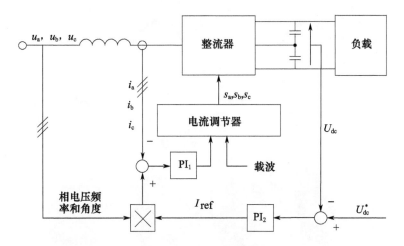

图6.3　平均电流控制法控制单位功率因数三相桥式整流电路

（3）三个输入电感为1mH；

（4）两个直流侧电容为1000μF；

（5）直流侧电压为450V；

（6）额定输出功率为5kW。

对于平均电流控制法，载波锯齿波频率选为20kHz，则变换器的平均输入电流纹波可以由式(6.3)估算出

$$\Delta i = \frac{U_{\text{in}}}{L}\varepsilon T_{\text{s}} \tag{6.3}$$

式中：U_{in}、ε 和 T_{s} 分别是单相整流的平均输入电压、平均占空比和开关周期。

根据设计标准[2]，图6.1中平均电流控制的比例积分控制器PI_1的传递函数为$0.4 + 4000/s$，图6.2中直流侧电压控制的比例积分控制器PI_2的传递函数为$0.12 + 6/s$。

根据设计参数和式(6.3)，变换器的平均输入电流纹波大概是2.81A，为了方便比较，滞环电流控制器的滞环宽度选择一样的值，即$2h = 2.81$A。

基于上述参数，在MATLAB-SIMULINK中为单位功率因数三相桥式整流电路建立了仿真模型，并进行仿真验证。图6.4是平均电流控制时额定输出功率下输入电流和电流跟踪误差的波形。

由图6.4可以看出，变换器的输入功率因数是0.999，电流总谐波畸变率是4.4%。

滞环电流控制时额定输出功率下输入电流和电流跟踪误差的波形如图6.5所示，变换器的输入功率因数是0.998，电流总谐波畸变率是6.7%。可见，平均电流控制的控制性能优于滞环电流控制。

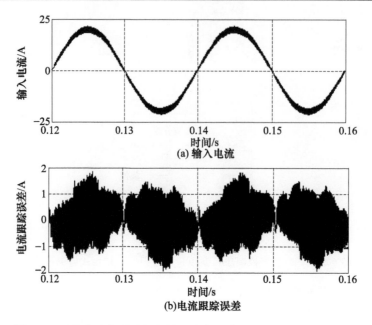

图 6.4 平均电流控制时额定输出功率下输入电流和电流跟踪误差

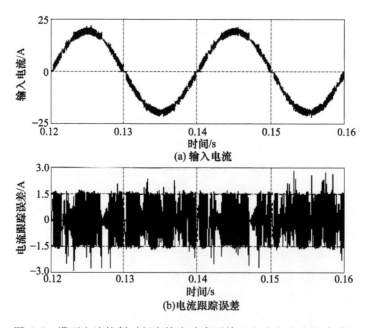

图 6.5 滞环电流控制时额定输出功率下输入电流和电流跟踪误差

图 6.6 是平均电流控制时 50% 额定输出功率下输入电流和电流跟踪误差，变换器的输入功率因数是 0.997，电流总谐波畸变率是 8.1%。与此对应，滞环电流控制时 50% 额定输出功率下输入电流和电流跟踪误差如图 6.7 所示，变换

器的输入功率因数是 0.992,电流总谐波畸变率是 12.7%。

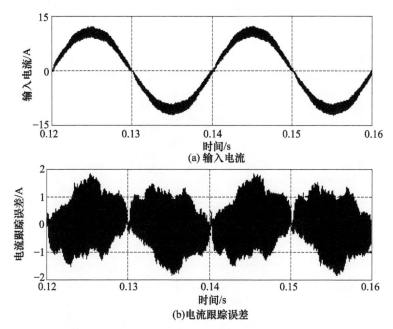

图 6.6 平均电流控制时 50% 额定输出功率下输入电流和电流跟踪误差

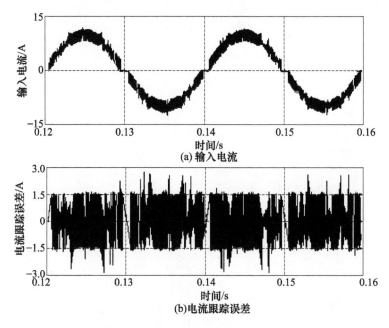

图 6.7 滞环电流控制时 50% 额定输出功率下输入电流和电流跟踪误差

不同负载下,平均电流控制法和滞环电流控制输入功率因数和电流总谐波畸变率的情况总结于表6.1中。

由图6.4～图6.7和表6.1可以看出,滞环电流控制下由于电流误差固定,双向开关的开关频率较低(如图6.5),这一点与图6.4平均电流控制时形成鲜明的对比。滞环电流控制器的鲁棒性好,易于实现,而平均电流法的比例积分控制器 PI 的参数要谨慎选择。然而,滞环电流控制的开关频率不固定,即使是滞环宽度固定的情况下,开关频率也要变化,三相之间互相影响时导致其瞬时误差达到滞环宽度的两倍,这一点由图6.5(b)和图6.7(b)也可以看出。

表6.1 不同负载下平均电流控制与滞环电流控制比较

方法	负载	输入功率因数	输入电流总谐波畸变率/%
平均电流控制	50% P_o	0.997	8.1
	100% P_o	0.999	4.4
滞环电流控制	50% P_o	0.992	12.7
	100% P_o	0.998	6.7

图6.8所示是不同输出功率下,滞环电流控制时,单位功率因数三相桥式整流电路双向开关的平均开关频率。由以上比较可以看出,与滞环电流控制相比,相同工作条件下采用平均电流控制技术的电流总谐波畸变率较低,同时功率因数要高一点儿。另外,平均电流控制技术的开关频率较高,达到20kHz,滞环电流控制的开关频率为8 kHz,所以平均电流控制法的开关损耗较高,于是平均电流控制法更适用于变换器的输出功率较低的情况。

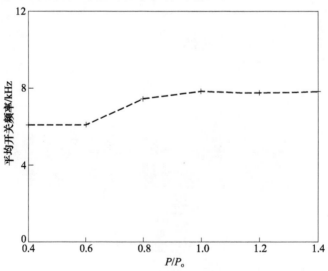

图6.8 不同输出功率下滞环电流控制双向开关的平均开关频率

6.2 变滞环宽度的电流控制方式

当常规滞环电流控制技术控制单位功率因数三相桥式整流时,具有控制方法易于实现、控制精度高、鲁棒性好等优势。然而,常规滞环电流控制技术的滞环宽度固定,导致其开关频率即使在一个基波周期内也不固定,三相之间互相影响时使得其瞬时误差达到滞环宽度的两倍。空间矢量控制技术与双斜坡比较控制可以避免滞环控制自身的缺陷,并具有较好的控制性能。然而,这些方法需要确定空间矢量,致使实现起来比较困难。

本节将采用一种变滞环宽度的电流控制技术控制单位功率因数三相桥式整流,其控制核心就是当输入电压和直流侧输出电压变化时滞环宽度也变化,目的就是为了变换器在任何工作条件下工作时,开关频率均固定。

6.2.1 变滞环宽度的电流控制策略

直流侧电容中点接地(该地为浮地)情况下单位功率因数三相桥式整流电路如图6.9所示,采用变滞环宽度的电流控制技术控制变换器的双向开关。

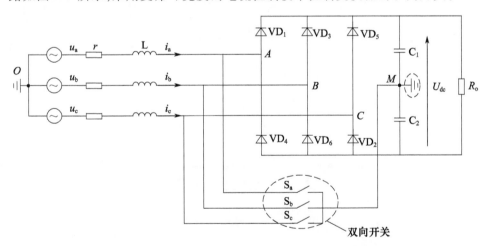

图 6.9 电容中点接地时单位功率因数三相桥式整流电路

1. 电容中点接地

直流侧电容中点接地时,每一相都可以视为相互独立。图6.9中a相电压和电流关系如下:

$$u_a = L\frac{di_a}{dt} + ri_a + u_A \tag{6.4}$$

式中:u_A 是 A 点对地电压,其值取决于双向开关的状态和电流 i_a 的方向,该电路

中 $u_A = -U_{dc}/2, u_A = 0$ 和 $u_A = U_{dc}/2$ 三种情况中的任意一种。若 a 相的参考电流为 i_a^*，u_A 相应的参考电压为 u_A^*，则有

$$u_a = L\frac{di_a^*}{dt} + ri_a^* + u_A^* \tag{6.5}$$

对于滞环电流控制，实际电流与参考电流之间的偏差定义为

$$\delta_a = i_a^* - i_a \tag{6.6}$$

式(6.5)减去式(6.4)，并代入式(6.6)中，得到

$$L\frac{d\delta_a}{dt} + r\delta_a + (u_A^* - u_A) = 0 \tag{6.7}$$

输入电感的等效电阻 r 可以忽略，于是式(6.7)可以写为

$$L\frac{d\delta_a}{dt} = -(u_A^* - u_A) \tag{6.8}$$

1) i_a^* 为正

i_a^* 为正时，滞环电流控制下双向开关在一个开关周期内的情况如图 6.10 所示。

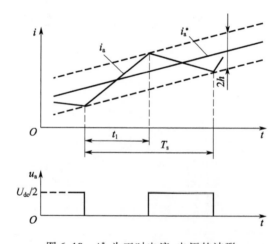

图 6.10 i_a^* 为正时电流、电压的波形

于是，由式(6.8)可以导出，在 $0 < t < t_1$ 阶段，有

$$-(u_A^* - 0) = L\frac{\Delta\delta_a}{\Delta t} = L \cdot \left\{\frac{\delta_a(t_1) - \delta_a(0)}{t_1 - 0}\right\} = L \cdot \left\{\frac{-h - h}{t_1 - 0}\right\} \tag{6.9}$$

在 $t_1 < t < T_s$ 阶段，有

$$-\left(u_A^* - \frac{U_{dc}}{2}\right) = L\frac{\Delta\delta_a}{\Delta t} = L \cdot \left\{\frac{\delta_a(T_s) - \delta_a(t_1)}{T_s - t_1}\right\} = L \cdot \left\{\frac{h + h}{T_s - t_1}\right\} \tag{6.10}$$

式中：T_s 是双向开关开关频率 f_s 的倒数。

由式(6.9)和式(6.10)，可以得到一个完整开关周期的表达式：

$$T_s = \frac{2hLU_{dc}}{U_{dc}u_A^* - 2(u_A^*)^2} \tag{6.11}$$

将式(6.5)代入式(6.11),可以得到 a 相滞环电流宽度:

$$h = \frac{\left(u_a - L\frac{di_a^*}{dt}\right)U_{dc} - 2\left(u_a - L\frac{di_a^*}{dt}\right)^2}{2f_sLU_{dc}} \tag{6.12}$$

2) i_a^* 为负

i_a^* 为负时,滞环电流控制下双向开关的一个开关周期内的情况如图 6.11 所示。

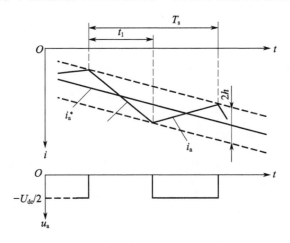

图 6.11 i_a^* 为负时电流、电压的波形

于是,由式(6.8)可以导出,在 $0 < t < t_1$ 阶段,有

$$-(u_A^* - 0) = L\frac{\Delta\delta_a}{\Delta t} = L \cdot \left\{\frac{\delta_a(t_1) - \delta_a(0)}{t_1 - 0}\right\} = L \cdot \left\{\frac{h + h}{t_1 - 0}\right\} \tag{6.13}$$

在 $t_1 < t < T_s$ 阶段,有

$$-\left(u_A^* + \frac{U_{dc}}{2}\right) = L\frac{\Delta\delta_a}{\Delta t} = L \cdot \left[\frac{\delta_a(T_s) - \delta_a(t_1)}{T_s - t_1}\right] = L \cdot \left[\frac{-h - h}{T_s - t_1}\right] \tag{6.14}$$

同样的办法,可以得到 a 相滞环电流宽度:

$$h = \frac{\left[(-u_a) - L\frac{d(-i_a^*)}{dt}\right]U_{dc} - 2\left(u_a - L\frac{di_a^*}{dt}\right)^2}{2f_sLU_{dc}} \tag{6.15}$$

因为 i_a^* 为正弦波且与电压 u_a 同相,则在整个线电压周期内滞环宽度可以整理成一个表达式:

$$h = \frac{\left(|u_a| - L\frac{d|i_a^*|}{dt}\right)U_{dc} - 2\left(|u_a| - L\frac{d|i_a^*|}{dt}\right)^2}{2f_sLU_{dc}} \tag{6.16}$$

滞环宽度 h 与开关频率 f_s 之间的关系由式(6.16)确定。在常规滞环电流控制策略中,当负载发生变化时,直流侧电压 U_{dc} 将发生变化,由于滞环宽度 h 固定,因此开关频率 f_s 将变化。在变滞环宽度的电流控制方法中,如果滞环宽度 h 由式(6.16)确定,则开关频率将是一个常值。利用同样的方法可以计算出 b 相和 c 相的开关频率。

2. 电容中点不接地

实际使用时,为了避免三次谐波引入中线,直流侧电容中点是不接地的。

当电容中点 M 不接地时,a 相电压和电流的关系如下:

$$u_a = L\frac{di_a}{dt} + ri_a + u_{AM} + u_{MO} \tag{6.17}$$

式中:u_{AM} 是 A 点到 M 点之间的电压;u_{MO} 是 M 点对地的电压。式(6.17)减去式(6.5)可得

$$L\frac{d\delta_a}{dt} + r\delta_a + (u_A^* - u_{AM}) - u_{MO} = 0 \tag{6.18}$$

比较式(6.7)和式(6.18)可以看出,式(6.18)引入了一个新的因子 u_{MO}。将式(6.6)中的电流偏差 $(i_a^* - i_a)$ 分为如下两部分:

$$\delta_a = i_a^* - i_a = \delta_{a1} + \delta_{a2} \tag{6.19}$$

式中:δ_{a1} 是没有交叉点的偏差;δ_{a2} 是有交叉点的偏差。没有交叉点的偏差 δ_{a1} 是没有 u_{MO}(即 $u_{MO}=0$)时的电流偏差,有交叉点的偏差 δ_{a2} 是引入 u_{MO} 后的电流偏差。

因此,式(6.18)就可以分成两个等式:

$$-(u_A^* - u_{AM}) = L\frac{d\delta_{a1}}{dt} + r\delta_{a1} \tag{6.20}$$

$$u_{MO} = L\frac{d\delta_{a2}}{dt} + r\delta_{a2} \tag{6.21}$$

式(6.20)说明 δ_{a1} 只与相应的电压 u_{AM} 有关,与式(6.8)相同。所以电流偏差 δ_{a1} 可以与电容中点 M 接地情况下的电流偏差 δ_a 一样处理。由式(6.21)可以看出,有交叉的偏差 δ_{a2} 只与电压 u_{MO} 有关,与 a 相自身的参数没有关系,所以三相的电流偏差相等,即 $\delta_{a2}=\delta_{b2}=\delta_{c2}$。

为了确定 δ_{a1} 就必须先确定 δ_{a2},而 δ_{a2} 又只与电压 u_{MO} 有关。然而,电压 u_{MO} 是与输入相电压和双向开关的状态有关的,表 6.2 总结了在不同的输入相电压和开关状态下电压 u_{MO} 的取值。

表 6.2 不同的输入相电压和开关状态下电压 u_{MO} 的取值

$u_a、u_b、u_c$ \ $S_a、S_b、S_c$	000	001	010	011	100	101	110	111
+ - +	$-\dfrac{U_{dc}}{6}$	0	$-\dfrac{U_{dc}}{3}$	$-\dfrac{U_{dc}}{6}$	0	$\dfrac{U_{dc}}{6}$	$-\dfrac{U_{dc}}{6}$	0
+ - -	$\dfrac{U_{dc}}{6}$	0	0	$-\dfrac{U_{dc}}{6}$	$\dfrac{U_{dc}}{3}$	$\dfrac{U_{dc}}{6}$	$\dfrac{U_{dc}}{6}$	0
+ + -	$-\dfrac{U_{dc}}{6}$	$-\dfrac{U_{dc}}{3}$	0	$-\dfrac{U_{dc}}{6}$	0	0	$\dfrac{U_{dc}}{6}$	0
- + -	$\dfrac{U_{dc}}{6}$	0	$\dfrac{U_{dc}}{3}$	$\dfrac{U_{dc}}{6}$	0	$\dfrac{U_{dc}}{6}$	$\dfrac{U_{dc}}{6}$	0
- + +	$-\dfrac{U_{dc}}{6}$	0	0	$\dfrac{U_{dc}}{6}$	$-\dfrac{U_{dc}}{3}$	$-\dfrac{U_{dc}}{6}$	$\dfrac{U_{dc}}{6}$	0
- - +	$\dfrac{U_{dc}}{6}$	$\dfrac{U_{dc}}{3}$	0	$\dfrac{U_{dc}}{6}$	0	$\dfrac{U_{dc}}{6}$	$-\dfrac{U_{dc}}{6}$	0

6.2.2 控制器设计

图 6.12 所示是电容中点 M 不接地时变滞环宽度电流控制下 a 相的结构图。由于该控制方法简单、有效、通用,因此其余两相不再给出。图中,反馈电流 i_a 首先与参考电流 i_a^* 求偏差,产生电流偏差 δ_a,这一点与常规滞环电流控制方法是一致的。之后,电流偏差 δ_a 减去有交叉的电流偏差 δ_{a2} 得到没有交叉的电流偏差 δ_{a1},利用 δ_{a1} 去控制滞环电流控制器。进一步,利用 u_a、i_a^* 和 U_{dc} 变化的滞环宽度 h 就可以由式(6.16)计算出。有交叉的电流偏差 δ_{a2} 则经电压 u_{MO} 积分得到,电压 u_{MO} 与输入相电压和双向开关的状态有关,可以从表 6.2 得到。

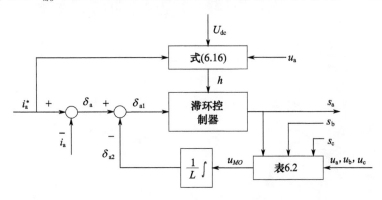

图 6.12 电容中点 M 不接地时变滞环宽度电流控制时 a 相的结构图

为了证明该控制策略的有效性,本节进行了相应的仿真与实验验证,实验过程中所有参数如下:

(1) 交流供电电压为 220V;

(2) 供电频率为50Hz；
(3) 三个输入电感为5mH；
(4) 两个直流侧电容为1000μF；
(5) 直流侧电压为370V；
(6) 额定输出功率为1kW。

6.2.3 仿真与实验

1. 仿真验证

为了证明该控制策略的有效性,对变滞环宽度的电流控制与常规电流控制下的控制性能进行比较,利用 MATLAB - SIMULINK 搭建了仿真模型,仿真结果如图6.13~图6.18所示。

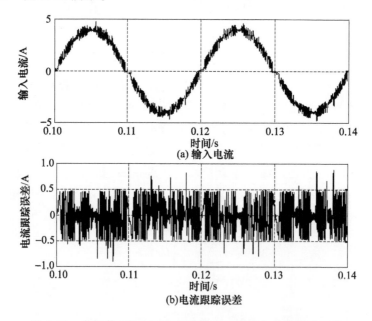

图6.13 常规滞环控制下变换器的输入电流与电流跟踪误差

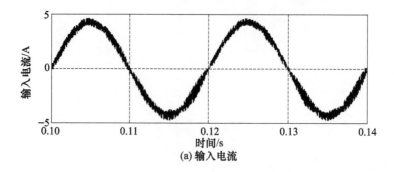

第6章 变滞环宽度的电流控制方式

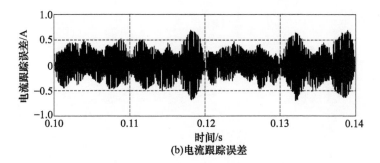

(b) 电流跟踪误差

图 6.14 变滞环宽度控制时变换器的输入电流与电流跟踪误差

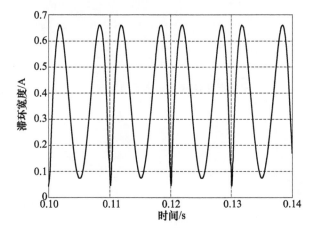

图 6.15 变滞环宽度

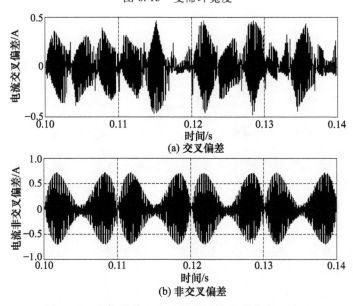

(a) 交叉偏差

(b) 非交叉偏差

图 6.16 变换器输入电流的交叉偏差和非交叉偏差

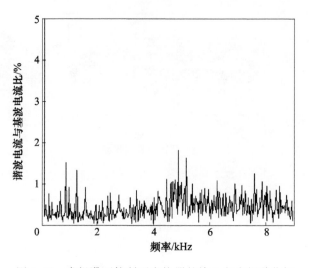

图 6.17 常规滞环控制下变换器的输入电流频谱分析

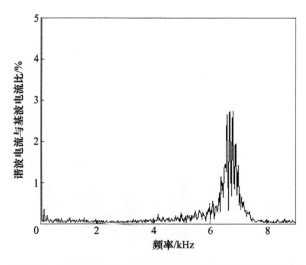

图 6.18 变滞环宽度控制时变换器的输入电流频谱分析

图 6.13 所示是常规滞环控制下变换器的输入电流与电流跟踪误差,此时滞环宽度 h 取为 0.5A,相应的开关频率为最优频率 7kHz。由式(6.17)和表 6.2 可以看出,变换器单个相的输入电流不可避免地要受另两相双向开关的开关模式所影响。由于三相之间这种互相影响,导致其输入电流瞬时误差不能总被限制在其滞环宽度 h 内,有时甚至达到滞环宽度的 2 倍($2h$),从图 6.13(b)也可以看到,其电流跟踪误差中含有较多的尖刺。

图 6.14 所示是变滞环宽度的电流控制下变换器的输入电流与电流跟踪误差,由图 6.14 可以看出,电流跟踪误差也偶尔会超过滞环宽度 h,但是只超过一

第6章　变滞环宽度的电流控制方式

点点儿,从来不会达到滞环宽度的2倍(2h)。

变滞环电流宽度及其变换器的输入电流交叉偏差及非交叉偏差示于图6.15和图6.16。由图6.15可以看出,滞环宽度是变化的,从而使电流偏差的边界最优。非交叉偏差如图6.16(b)所示,因为从变换器的输入电流偏差(如图6.14(b))中解耦出来,所以不含有如图6.16(a)所示的交叉分量,非交叉偏差严格遵守着图6.15的变滞环宽度。所以三相电流之间的相互干扰消除了,且双向开关的开关频率保持不变。

对变换器常规滞环控制下的输入电流图6.13(a)和变滞环宽度控制的输入电流图6.14(a)进行频谱分析,结果分别如图6.17和图6.18所示。在常规滞环控制下,输入电流频谱分布在一个较宽的范围内,从几百赫到几千赫;而变滞环宽度控制时,双向开关的开关频率控制在7kHz,所以其输入电流频谱也集中在7kHz附近,这是变换器设计和控制的关键。高频控制下,所需的L和C就可以小一些,所以其体积和容量都相应减小,进一步节约成本。而且,没有低频谐波也可以避免调频的交流滤波器和直流网络之间的谐振,尤其是工频50Hz附近的谐振危害最为严重。另一个可能的优点就是,在没有谐振的情况下,可以采用具有较低损耗的高通滤波器取代调频的交流滤波器。

为了验证变滞环宽度控制策略在负载变化时的有效性,对变换器在不同负载下的工作情况也进行了仿真实验。变换器工作在50%额定输出功率下,其输入电流和电流频谱分析如图6.19所示;变换器工作在150%额定输出功率下,其输入电流和电流频谱分析如图6.20所示。当输出功率低于额定功率时,电流总谐波畸变率增加了,但是,当变换器工作在50%额定输出功率时,电流总谐波畸变率为8%,仍然在可接受的范围之内。同时可以看出,当变换器工作在50%和150%额定输出功率时,其输入电流频谱都集中在开关频率7kHz附近。显

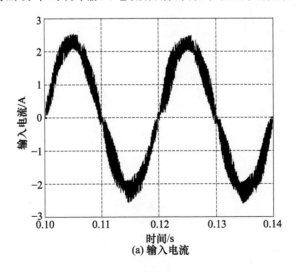

(a) 输入电流

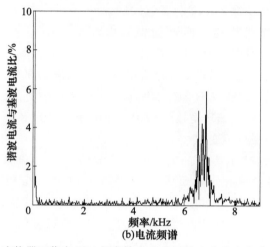

图 6.19 变换器工作在 50% 额定输出功率下输入电流和电流频谱分析

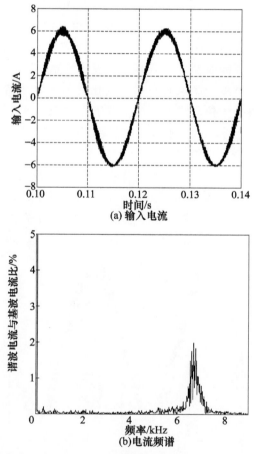

图 6.20 变换器工作在 150% 额定输出功率下输入电流和电流频谱分析

第6章 变滞环宽度的电流控制方式

然,变滞环宽度电流控制对负载变化时的工况有较好的适应性。由于式(6.16)是可以通用的,因此当变换器工作于其他开关频率,或者不同的输出功率时,变滞环宽度的控制技术均可以适用。

2. 实验验证

对变滞环宽度电流控制单位功率因数三相桥式整流方案也进行了实验验证,当变换器在额定输出功率工作时,输入电流及其谐波频谱如图6.21所示,可以看出其输入电流频谱主要集中在开关频率7kHz附近。为了证明变换器输入电流与相应电压的位置关系,电压、电流的波形示于图6.22,可以看出其功率因数为0.99,几乎没有什么无功电流分量。

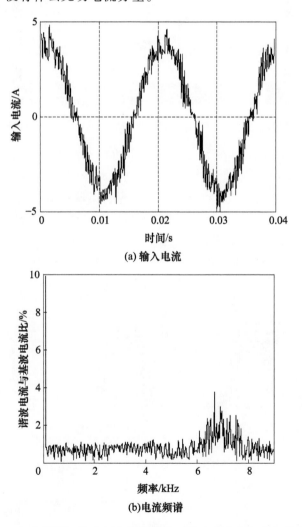

图6.21 变换器工作在额定输出功率下输入电流和电流频谱分析

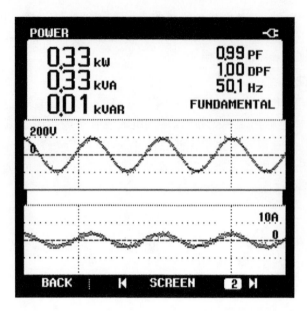

图 6.22　变换器工作在额定输出功率下的输入电流和电压

图 6.23 是变换器工作在 50% 额定输出功率下输入电流和电流频谱分析，可以看出低输出功率下尽管变换器的输入电流畸变很严重，但其输入电流的频谱仍然集中在开关频率 7kHz 附近。为了证明变换器在低输出功率下输入电流与相应电压的位置关系，电压、电流的波形示于图 6.24，可以看出变换器的输入功率因数仍然是 0.98，功率因数的主要损失显然是由于轻载下输入电流波形畸变严重造成的，如图 6.23(b) 所示，其位移因子依然是 1，电压和电流之间没有发生相移。

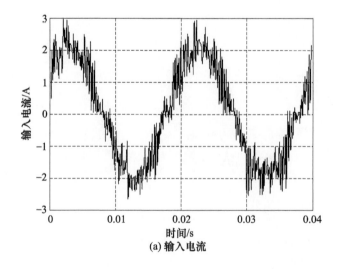

(a) 输入电流

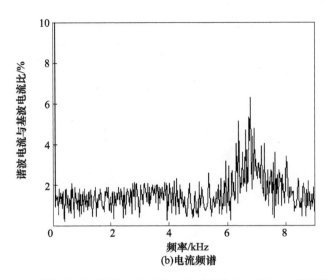

图 6.23 变换器工作在 50% 额定输出功率下输入电流和电流频谱分析

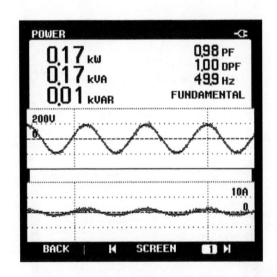

图 6.24 变换器工作在 50% 额定输出功率下输入电流和电压

图 6.25 是变换器工作在 150% 额定输出功率下输入电流和电流频谱分析，可以看出高输出功率下变换器的输入电流畸变小了，其输入电流频谱依然集中在开关频率 7kHz 附近。为了证明变换器在高输出功率下输入电流与相应电压的位置关系，电压、电流的波形示于图 6.26，可以看出变换器的输入功率因数仍然是 0.99。

由仿真与实验结果可以看出，变滞环宽度电流控制单位功率因数三相桥式整流的方案，由于开关频率固定，故其输入电流频谱主要集中在开关频率附近；

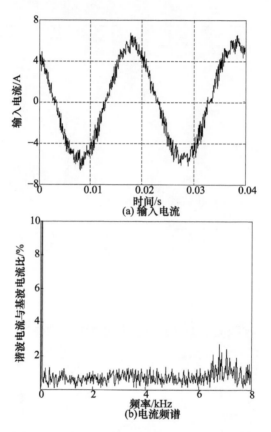

图 6.25 变换器工作在 150% 额定输出功率下输入电流和电流频谱分析

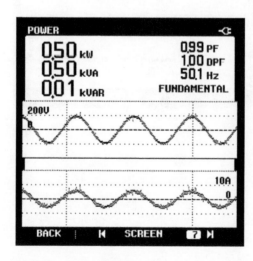

图 6.26 变换器工作在 150% 额定输出功率下输入电流和电压

高频控制下,则没有低频谐波,也可以避免调频的交流滤波器和直流网络之间的谐振,尤其是工频 50Hz 附近的谐振危害最为严重。在没有低频谐振的情况下,可以采用具有较低损耗的高通滤波器取代调频的交流滤波器。另外,高频控制下,所需的电感和电容就可以小一些,所以其体积和容量都相应减小,进一步节约成本。

参考文献

[1] LIAO J C, YEH S N. A novel instantaneous power control strategy and analytic model for integrated rectifier/inverter systems[J]. IEEE Transactions on Power Electronics, 2000, 15(6):996-1006.

[2] ZARGARI N R, JOOS G. A near unity power factor input stage with minimum control requirements for ac drive applications[J]. IEEE Transactions on Industry Applications, 1995, 31(5):1129-1135.

第 7 章　基于功率平衡理论的控制方式

通常情况下,三相负载消耗的功率一般先通过二极管整流桥提供直流电压,再经逆变器供给负载。然而,这一方法向电网注入了大量的谐波电流。本章将给出单位功率因数三相桥式整流电路一种新的控制电路,以减小三相整流逆变电路的电流总谐波畸变,提高功率因数。

将三个双向开关跨接在常规三相桥式整流的交流侧与直流侧,就构成了单位功率因数三相桥式整流电路。该类型电路很好地控制开关的通断,当输入电流断续时,为输入电流提供另一个通路,就可以使输入电流满足正弦波的要求。本章首先重新分析了这种整流电路的工作原理,将单位功率因数三相桥式整流分成两部分:功率因数补偿网络和常规整流网络。根据其工作原理,为这种整流电路建立了精确的数学模型,在此基础上为整流电路设计控制器。

7.1　双向开关的工作模式与数学模型

7.1.1　工作模式及拓扑

图 3.1 中的 u_a、u_b 和 u_c 代表三相交流电压,其波形图示于图 7.1。

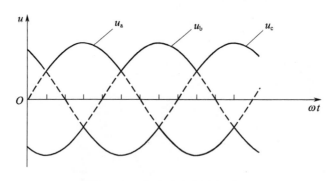

图 7.1　三相交流电网电压波形

由图 7.1 可知,常规三相桥式整流 a 相的电流滞后于其自身电压的原因,是因为在 $\omega t = 30°$ 时,电流才从 c 相换到 a 相,此时 a 相的电流才建立起来。在这之前的时间段,a 相的电流一直为 0。

第7章 基于功率平衡理论的控制方式

为了方便分析其工作原理,图 7.2～图 7.7 给出了 u_a 在 0～180°半个周期内的拓扑电路,根据元器件的导通情况共分六个阶段(工作模式)。为简便起见,每个阶段只绘出了有电流通过的元器件。

1. 模式 1(0°～30°)

当 ωt 在 0°～30°区间时,示于图 7.2(a)和图 7.2(b)。

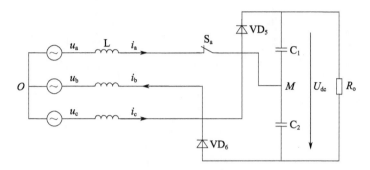

(a) 双向开关 S_a 导通

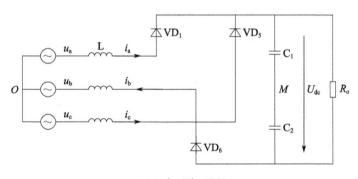

(b) 双向开关 S_a 关断

图 7.2　输入电压半个周期内的分段拓扑(0°～30°区间)

在此时间段内,电网电压 u_a 和 u_c 处于正半周,u_b 为负半周。当双向开关 S_a 导通时,电网电流 i_a 流过 S_a,为电网电流 i_a 提供了另一个通路(常规整流时,该段电网电流 $i_a = 0$);VD_5 和 VD_6 也导通,电网电流 i_b 和 i_c 流过 VD_5 和 VD_6,其他关断的二极管没有在图 7.2(a)中画出。当双向开关 S_a 关断时,输入电感的作用使电网电流 i_a 通过续流二极管 VD_1 续流,VD_5 和 VD_6 仍然导通,供电网电流 i_b 和 i_c 流过;同时,二极管 VD_6 中也将流过 VD_1 中续流的电网电流 i_a,其他关断的二极管没有在图 7.2(b)中画出。电网电流由双向开关 S_a 到续流二极管 VD_1 的换流时刻,由滞环电流比较控制确定[1-2]。由以上分析可知,在这一时间段内,二极管 VD_5 和 VD_6 事实上与常规三相桥式整流电路中的二极管一样工作于正常的整流

133

状态(当双向开关 S_a 关断时,二极管 VD_6 中也将流过 VD_1 中续流的电网电流 i_a),双向开关 S_a 与二极管 VD_1 的导通时段是互补的,并提供补偿电流。

2. 模式 2(30°~60°)

当 ωt 在 30°~60°区间时,示于图 7.3(a)和图 7.3(b)。

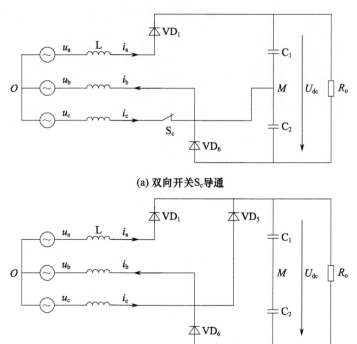

(a) 双向开关 S_c 导通

(b) 双向开关 S_c 关断

图 7.3 输入电压半个周期内的分段拓扑(30°~60°区间)

在此时间段内,电网电压 u_a 和 u_c 处于正半周,u_b 为负半周。当双向开关 S_c 导通时,电网电流 i_c 流过 S_c,为电网电流 i_c 提供了另一个通路(常规整流时,该段电网电流 $i_c = 0$);VD_1 和 VD_6 也导通,电网电流 i_a 和 i_b 流过 VD_1 和 VD_6,其他关断的二极管没有在图 7.3(a)中画出。当双向开关 S_c 关断时,输入电感的作用使电网电流 i_c 通过续流二极管 VD_5 续流,VD_1 和 VD_6 仍然导通,供电网电流 i_a 和 i_b 流过;同时,二极管 VD_6 中也将流过 VD_5 中续流的电网电流 i_c,其他关断的二极管没有在图 7.3(b)中画出。电网电流由双向开关 S_c 到续流二极管 VD_5 的换流时刻,由滞环电流比较控制确定。由以上分析可知,此时间段内,二极管 VD_1 和 VD_6 事实上与常规三相桥式整流电路中的二极管一样工作于正常的整流状态(当双向开关 S_c 关断时,二极管 VD_6 中也将流过 VD_5 中续流的电网电流 i_c),双向开关 S_c 与二极管 VD_5 的导通时段是互补的,并提供补偿电流。

3. 模式3(60°~90°)

当 ωt 在 60°~90°区间时,示于图 7.4(a) 和图 7.4(b)。

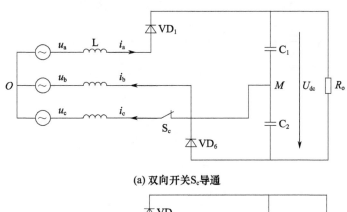

(a) 双向开关S_c导通

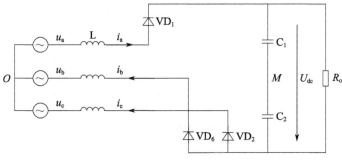

(b) 双向开关S_c关断

图 7.4 输入电压半个周期内的分段拓扑(60°~90°区间)

在此时间段内,电网电压 u_a 处于正半周, u_b 和 u_c 为负半周。当双向开关 S_c 导通时,电网电流 i_c 流过 S_c,为电网电流 i_c 提供了另一个通路(常规整流时,该段电网电流 $i_c=0$);VD_1 和 VD_6 也导通,电网电流 i_a 和 i_b 流过 VD_1 和 VD_6,其他关断的二极管没有在图 7.4(a) 中画出。当双向开关 S_c 关断时,输入电感的作用使电网电流 i_c 通过续流二极管 VD_2 续流,VD_1 和 VD_6 仍然导通,供电网电流 i_a 和 i_b 流过;同时,二极管 VD_1 中也将流过 VD_2 中续流的电网电流 i_c,其他关断的二极管没有在图 7.4(b) 中画出。电网电流由双向开关 S_c 到续流二极管 VD_2 的换流时刻,由滞环电流比较控制确定。由以上分析可知,在此时间段内,二极管 VD_1 和 VD_6 事实上与常规三相桥式整流电路中的二极管一样工作于正常的整流状态(当双向开关 S_c 关断时,二极管 VD_1 中也将流过 VD_2 中续流的电网电流 i_c),双向开关 S_c 与二极管 VD_2 的导通时段是互补的,并提供补偿电流。

4. 模式4(90°~120°)

当 ωt 在 90°~120°区间时,示于图 7.5(a) 和图 7.5(b)。

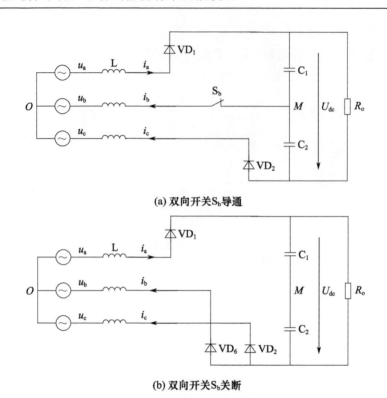

(a) 双向开关S_b导通

(b) 双向开关S_b关断

图 7.5 输入电压半个周期内的分段拓扑（90°～120°区间）

在此时间段内，电网电压 u_a 处于正半周，u_b 和 u_c 为负半周。当双向开关 S_b 导通时，电网电流 i_b 流过 S_b，为电网电流 i_b 提供了另一条通路（常规整流时，该段电网电流 $i_b=0$）；VD_1 和 VD_2 也导通，电网电流 i_a 和 i_c 流过 VD_1 和 VD_2，其他关断的二极管没有在图 7.5(a) 中画出。当双向开关 S_b 关断时，输入电感的作用使电网电流 i_b 通过续流二极管 VD_6 续流，VD_1 和 VD_2 仍然导通，供电网电流 i_a 和 i_c 流过；同时，二极管 VD_1 中也将流过 VD_6 中续流的电网电流 i_b，其他关断的二极管没有在图 7.5(b) 中画出。电网电流由双向开关 S_b 到续流二极管 VD_6 的换流时刻，由滞环电流比较控制确定。由以上分析可知，在此时间段内，二极管 VD_1 和 VD_2 事实上与常规三相桥式整流电路中的二极管一样工作于正常的整流状态（当双向开关 S_b 关断时，二极管 VD_1 中也将流过 VD_6 中续流的电网电流 i_b），双向开关 S_b 与二极管 VD_6 的导通时段是互补的，并提供补偿电流。

5. 模式 5（120°～150°）

当 ωt 在 120°～150°区间时，示于图 7.6(a) 和图 7.6(b)。

在此时间段内，电网电压 u_a 和 u_b 处于正半周，u_c 为负半周。当双向开关 S_b 导通时，电网电流 i_b 流过 S_b，为电网电流 i_b 提供了另一条通路（常规整流时，该段电网电流 $i_b=0$）；VD_1 和 VD_2 也导通，电网电流 i_a 和 i_c 流过 VD_1 和 VD_2，其他关断

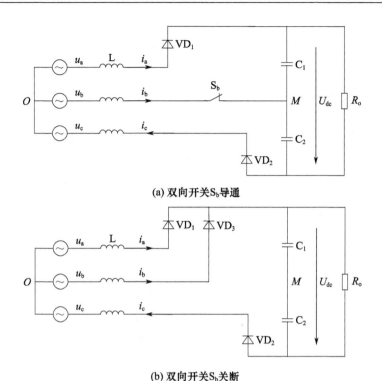

(a) 双向开关S_b导通

(b) 双向开关S_b关断

图7.6 输入电压半个周期内的分段拓扑（120°~150°区间）

的二极管没有在图7.6(a)中画出。当双向开关S_b关断时,输入电感的作用使电网电流i_b通过续流二极管VD_3续流,VD_1和VD_2仍然导通,供电网电流i_a和i_c流过;同时,二极管VD_2中也将流过VD_3中续流的电网电流i_b,其他关断的二极管没有在图7.6(b)中画出。电网电流由双向开关S_b到续流二极管VD_3的换流时刻,由滞环电流比较控制确定。由以上分析可知,在此时间段内,二极管VD_1和VD_2事实上与常规三相桥式整流电路中的二极管一样工作于正常的整流状态(当双向开关S_b关断时,二极管VD_2中也将流过VD_3中续流的电网电流i_b),双向开关S_b与二极管VD_3的导通时段是互补的,并提供补偿电流。

6. 模式6(150°~180°)

当ωt在150°~180°区间时,示于图7.7(a)和图7.7(b)。

在此时间段内,电网电压u_a和u_b处于正半周,u_c为负半周。当双向开关S_a导通时,电网电流i_a流过S_a,为电网电流i_a提供了另一条通路(常规整流时,该段电网电流i_a=0);VD_3和VD_2也导通,电网电流i_b和i_c流过VD_3和VD_2,其他关断的二极管没有在图7.7(a)中画出。当双向开关S_a关断时,输入电感的作用使电网电流i_a通过续流二极管VD_1续流,VD_3和VD_2仍然导通,供电网电流i_b和i_c流过;同时,二极管VD_2中也将流过VD_1中续流的电网电流i_a,其他关断

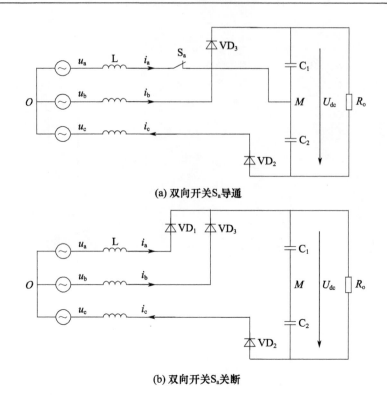

图 7.7 输入电压半个周期内的分段拓扑(150°~180°区间)

的二极管没有在图 7.7(b)中画出。电网电流由双向开关 S_a 到续流二极管 VD_1 的换流时刻,由滞环电流比较控制确定。由以上分析可知,在此时间段内,二极管 VD_3 和 VD_2 事实上与常规三相桥式整流电路中的二极管一样工作于正常的整流状态(当双向开关 S_a 关断时,二极管 VD_2 中也将流过 VD_1 中续流的电网电流 i_a),双向开关 S_a 与二极管 VD_1 的导通时段是互补的,并提供补偿电流。

由上述分析可知,双向开关和整流桥中本来关断的一个二极管(与双向开关在同一个相中的二极管)的换流,组成了一个功率因数补偿网络。所以,单位功率因数三相桥式整流电路,从工作原理上看,可以认为由两部分网络组成:功率因数补偿网络和常规整流网络。又因为功率因数补偿网络中的能量是靠电感的充电和放电完成的,而电感是不消耗有功功率的。所以这一整流电路中负载消耗的有功功率是由电网提供的(与常规三相桥式整流电路一样),而功率因数补偿网络既不消耗有功功率,也不向负载提供任何有功功率。

综上所述,将单位功率因数三相桥式整流电路工作在 u_a 的 0~180°半个周期内时,不同模式下,导通状态的二极管及双向开关列表如表 7.1 所列。

表7.1 单位功率因数三相桥式整流电路的工作模式

工作模式	常规整流	功率因数补偿网络	
	整流二极管	续流二极管	双向开关
模式1(0°~30°)	VD_5和VD_6	VD_1	S_a
模式2(30°~60°)	VD_1和VD_6	VD_5	S_c
模式3(60°~90°)	VD_1和VD_6	VD_2	S_c
模式4(90°~120°)	VD_1和VD_2	VD_6	S_b
模式5(120°~150°)	VD_1和VD_2	VD_3	S_b
模式6(150°~180°)	VD_2和VD_3	VD_1	S_a

7.1.2 数学模型

根据7.1.1中单位功率因数三相桥式整流电路的工作原理,可为图3.1所示的三相整流拓扑电路建立数学模型[3]。

$$\begin{cases} L_a \dfrac{di_a}{dt} = u_a - (u_{AM} + u_{MO}) \\ L_b \dfrac{di_b}{dt} = u_b - (u_{BM} + u_{MO}) \\ L_c \dfrac{di_c}{dt} = u_c - (u_{CM} + u_{MO}) \\ C_a \dfrac{dU_{dc}}{dt} = (2-s_a)i_a + (2-s_b)i_b + (2-s_c)i_c \end{cases} \quad (7.1)$$

式中:L_a、L_b、L_c为单位功率因数三相桥式整流电路中三个输入电感的电感值;C_a为直流侧单个电容的电容值(因为串联的两个电容C_1和C_2相等,电容值均为C_a,并且3.2.1节已经证明,两个电容上的电压是相等的);i_a、i_b、i_c为三个输入电感上的电流;U_{dc}为直流侧电容电压的瞬时值;u_{MO}是节点M相对于中点O的电压;u_{AM}、u_{BM}和u_{CM}是节点A、B和C相对于节点M的电压,其表达式为

$$\begin{cases} u_{AM} = \text{sign}(i_a)(1-s_a)\dfrac{U_{dc}}{2} \\ u_{BM} = \text{sign}(i_b)(1-s_b)\dfrac{U_{dc}}{2} \\ u_{CM} = \text{sign}(i_c)(1-s_c)\dfrac{U_{dc}}{2} \end{cases} \quad (7.2)$$

式中:$\text{sign}(i_a)$、$\text{sign}(i_b)$和$\text{sign}(i_c)$为符号函数,依赖于电感电流的极性,且

$$\text{sign}(i_a) = \begin{cases} 1 & (i_a \geq 0) \\ -1 & (i_a < 0) \end{cases} \tag{7.3}$$

s_a、s_b 和 s_c 分别代表三个双向开关 S_a、S_b 和 S_c 的开关状态，其中，状态 1 表示导通，0 表示断开。

对于一个三相平衡系统，电压 u_{MO} 可表示为

$$u_{MO} = -(u_{AM} + u_{BM} + u_{CM})/3 \tag{7.4}$$

7.2 基于功率平衡理论的控制

由 7.1 节中的分析可知，单位功率因数三相桥式整流电路，是靠跨接在整流桥的交流侧与直流侧的双向开关，及其输入电感的作用来提高功率因数、减小电流谐波的。当双向开关导通时，为电网电流提供另一个通路，使电网电流连续，并接近于正弦波，且与电网电压同步。然而，这种补偿是在某一工作点附近进行优化的，当负载发生变化时，功率因数的补偿性能将急剧下降，所以其工作范围比较小。而且，电路中输入电感储存的能量需要对电流续流相对长的一段时间，因而电感值较大，增加了装置的成本、重量和体积。

为了克服上述弊端，文献[4-7]提出了不同的控制方法。文献[4]考虑了实际负载的变化。所以，应用这种方法，可以在较大的功率范围内得到很好的功率因数补偿性能。当额定功率为 8kW 时，其输入电感大约为 4mH。这一方法尤其适用于中等功率和高功率的场所。然而，当输出功率较低时（1~5kW），其输入电感会增加，例如：对于一个额定输出功率为 1.5kW 的变换器，其输入电感需要 24mH，体积相对增大，造价升高。

为了减小电感，降低成本和体积，文献[4]采用三角波比较控制（即将电流偏差与固定频率的载波信号进行比较）来调整双向开关的占空比，将双向开关的开关频率提高，续流时间缩短。但是该方法中的电流纹波较大，作用在电感上时，会产生很大的噪声。

文献[8-9]采用固定开关频率的综合控制方法，该方法可以不使用电压互感器，造价相对较低；但是，其输入电流的低频畸变是比较严重的。文献[5]采用同步参考坐标变换的滞环电流控制作内环，直流侧电压的控制作外环，收到了不错的效果。但是，参考坐标变换的计算增加了控制器的计算时间（文献[3]中的控制器采用 DSP）。文献[5-7]采用滞环电流控制，开关信号由参考电流信号（正弦电流）与测量的实际信号进行比较。尽管电流滞环控制的实现方法相对容易，但这种方法需要对直流侧电流进行控制，所以增加了设计成本和控制成本；而且，电流互感器的使用增加了控制电路的复杂程度。

第7章 基于功率平衡理论的控制方式

本章根据单位功率因数三相桥式整流电路的工作原理,设计了一种新的控制方法。单位功率因数三相桥式整流电路由两部分组成:功率因数补偿网络和常规整流网络。其中,常规整流网络向电网注入的谐波可以由补偿网络提供,故其功率因数可以提高。负载消耗的平均有功功率由电网提供,功率因数补偿网络既不消耗也不向负载提供任何有功功率。根据功率平衡理论,可以得到功率因数补偿网络的参考补偿电流,三个双向开关(S_a,S_b和S_c)的导通时刻及其时长,由滞环电流控制确定。这一方法的优点是,开关频率较高,所以输入电感的大小明显减小;该方法不需要测量直流侧电流,所以装置的体积和费用降低了;这一方法考虑了负载的变化,当负载变化时参考补偿电流随之变化,所以克服了负载变化时功率因数降低的缺陷。仿真和试验结果表明,整流桥可以在较大的功率范围内,提高输入功率因数,并有效地降低谐波电流。

7.2.1 功率平衡理论控制算法

由7.1节的分析结果可知,单位功率因数三相桥式整流电路由两部分组成:功率因数补偿网络和常规整流电路。为了提高整流电路的功率因数并减小谐波电流,其电网电流必须是平衡的、无畸变的,并与电网电压同相位的正弦波。因此功率因数补偿网络的补偿目的为:①使三相桥式整流电路的功率因数接近1;②进行谐波及无功电流补偿。假设电网电压是由式(7.5)表示的正弦波,则期望的电网电流表达式(7.6)必须与电网电压表达式(7.5)同相位,即

$$\begin{cases} u_a = U_m \sin(\omega t + \phi) \\ u_b = U_m \sin(\omega t + \phi - 120°) \\ u_c = U_m \sin(\omega t + \phi + 120°) \end{cases} \quad (7.5)$$

$$\begin{cases} i_a = I_m \sin(\omega t + \phi) \\ i_b = I_m \sin(\omega t + \phi - 120°) \\ i_c = I_m \sin(\omega t + \phi + 120°) \end{cases} \quad (7.6)$$

式中:U_m和ϕ分别是某一时刻电网电压的幅值和初始相角;I_m是某一时刻电网电流的幅值。因为负载消耗的有功由电网提供,且功率因数补偿网络不消耗有功也不提供任何有功,所以可以通过瞬时电压及其负载消耗的有功分量推导出电流的幅值I_m。根据对称分量法,三相瞬时负载电流按不同的相序可表示为[10-11]

$$i_{lk} = \sum_{h=1}^{\infty} i_{lkh}^+ + \sum_{h=1}^{\infty} i_{lkh}^- + \sum_{h=1}^{\infty} i_{lkh}^0, \quad k \in K \quad (7.7)$$

式中:$K = \{a,b,c\}$;+、-和0分别表示正序、负序和零序分量;h表示基波(即

$h=1$)和各次谐波分量(即 $h>1$)。

由于一个周期 T 内负载消耗的平均实功必须由电源提供,并且功率因数补偿网络既不消耗也不提供平均实功,故式(7.8)~式(7.12)成立。

$$\bar{p}_s = \bar{p}_l + \bar{p}_f \tag{7.8}$$

$$\bar{p}_s = \frac{1}{T}\int_0^T \sum_{k \in K} u_k i_k \mathrm{d}t \tag{7.9}$$

$$\bar{p}_l = \frac{1}{T}\int_0^T \sum_{k \in K} u_k i_{lk} \mathrm{d}t \tag{7.10}$$

$$\bar{p}_f = 0 \tag{7.11}$$

$$\bar{p}_s = \bar{p}_l \tag{7.12}$$

式中:$\bar{p}$ 表示一个周期内的平均实功;$\bar{p}_s$ 表示电网提供的实功;$\bar{p}_l$ 表示负载消耗的实功;$\bar{p}_f$ 表示补偿网络提供的实功。

将式(7.7)代入式(7.10)可得基波和谐波的总有功,如式(7.13)所示:

$$\bar{p}_l = \bar{p}_{l1}^+ + \bar{p}_{l1}^- + \bar{p}_{l1}^0 + \bar{p}_{lh}^+ + \bar{p}_{lh}^- + \bar{p}_{lh}^0 \tag{7.13}$$

式中:$\bar{p}_{l1}^+$、$\bar{p}_{l1}^-$ 和 $\bar{p}_{l1}^0$ 分别表示负载消耗的基波正序、负序和零序实功;$\bar{p}_{lh}^+$、$\bar{p}_{lh}^-$ 和 $\bar{p}_{lh}^0$ 分别表示负载消耗的各次谐波分量的正序、负序和零序实功。

$$\bar{p}_{l1}^+ = \frac{1}{T}\int_0^T \sum_{k \in K} u_k i_{lk1}^+ \mathrm{d}t = \frac{1}{T}\int_0^T \sum_{k \in K} u_k i_k \mathrm{d}t = \frac{3U_m I_m}{2} \tag{7.14}$$

且

$$\bar{p}_{l1}^- = \bar{p}_{l1}^0 = \bar{p}_{lh}^+ = \bar{p}_{lh}^- = \bar{p}_{lh}^0 = 0 \tag{7.15}$$

式(7.15)中各项都是根据周期正弦函数的正交理论得到的,则式(7.10)可表示为

$$\bar{p}_s = \bar{p}_l = \bar{p}_{l1}^+ = \frac{1}{T}\int_0^T \sum_{k \in K} u_k i_{lk} \mathrm{d}t \tag{7.16}$$

由式(7.12)、式(7.14)和式(7.16)可得期望的电网电流的幅值:

$$I_m = \frac{2\bar{p}_l}{3U_m} = \frac{2\int_0^T \sum_{k \in K} u_k i_{lk} \mathrm{d}t}{3TU_m} \tag{7.17}$$

则电网电流表达式(7.6)可表示为

$$i_k = I_m \frac{u_k}{U_m} = \frac{2\bar{p}_l}{3(U_m)^2} u_k, \quad k \in K \tag{7.18}$$

于是,负载消耗的电流减去期望的电网电流可得功率因数补偿网络所需要补偿

的电流,即

$$i_{fk}^* = i_{lk} - i_k = i_{lk} - \frac{2\bar{p}_l}{3(U_m)^2}u_k, \quad k \in K \tag{7.19}$$

功率因数补偿网络消耗和提供的实功如下:

$$\bar{p}_f = \frac{1}{T}\int_0^T \sum_{k \in K} u_k i_{fk} dt \tag{7.20}$$

将式(7.19)代入式(7.20)可得

$$\bar{p}_f = \frac{1}{T}\int_0^T \sum_{k \in K} u_k i_{lk} dt - \frac{2\bar{p}_l}{3(U_m)^2}\frac{1}{T}\int_0^T \sum_{k \in K} u_k^2 dt$$

$$= \bar{p}_l - \frac{2\bar{p}_l}{3(U_m)^2}\frac{3(U_m)^2}{2} = \bar{p}_l - \bar{p}_l = 0 \tag{7.21}$$

由此可见,功率因数补偿网络确实不消耗也不提供任何平均实功,进一步证明了理论分析的正确性。

由上述分析可知,新控制策略中的参考补偿电流是根据期望的电网电流确定的。而期望的电网电流是与电网电压同步的正弦电流。所以,在新的控制策略下,电网电流是正弦电流,且与电网电压同步;因此,单位功率因数三相桥式整流的功率因数很高,谐波较小。

7.2.2 控制器结构设计

基于所提出方法的参考补偿电流控制器结构图如图 7.8 所示。图中,电网电压通过锁相环(PLL)得到电压幅值(U_m),进一步得到单位电网电压(即 u_k/U_m)及其周期 T。负载消耗的平均实功由式(7.16)计算得到,并通过式(7.17)得到期望的电网电流幅值 I_m。DI 代表定积分。期望的电网电流式(7.18)及功率因数补偿网络的参考补偿电流式(7.19)可由电网电流幅值和单位电网电压计算得到。

一旦确定了参考补偿电流之后,该电流就可以通过滞环电流控制器产生双向开关的控制信号。图 7.9 给出了新方法的控制系统框图,双向开关由滞环电流控制技术控制以确保正弦电流输入,使整流电路的功率因数接近 1,且使直流侧电容电压可调。

另外,由于直流侧电容电压必须维持在某一特定值,因此整流电路中三个双向开关的开关损耗以及电容电压的变化所引起的功率损耗均由电网提供。直流侧电容电压的偏差通过 PI 控制器后得到其功率损耗($\bar{p}_w$),经图 7.8 所示的参考补偿电流计算器得到双向开关的开关信号。

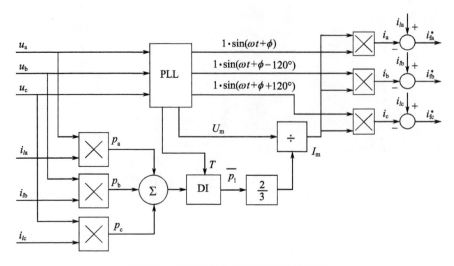

图7.8 参考补偿电流控制器的结构图

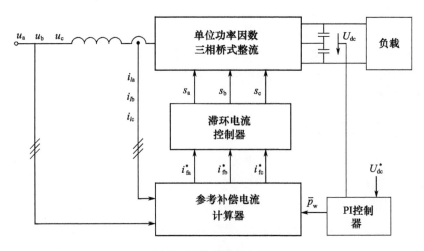

图7.9 控制系统框图

7.2.3 仿真与实验

1. 仿真结果

为了证明所提出控制策略的性能,对图4.3所示的单位功率因数三相桥式整流电路结构,利用 MATLAB-SIMULINK 建立了仿真模型,进行仿真。

为了验证所设计的控制器的可行性,仿真过程中采用工业常用的样机模型,样机模型的参数如下:

(1) 输入相电压为 220V;

(2) 直流侧输出电压参考值为 370V;

（3）输入电感为5mH；
（4）额定输出功率为1kW。

如图7.10所示为单位功率因数三相桥式整流电路额定输出功率下输入相电流的波形及其谐波频谱。如图7.11所示为常规的三相桥式整流电路额定输出功率下输入相电流的波形及其谐波频谱。

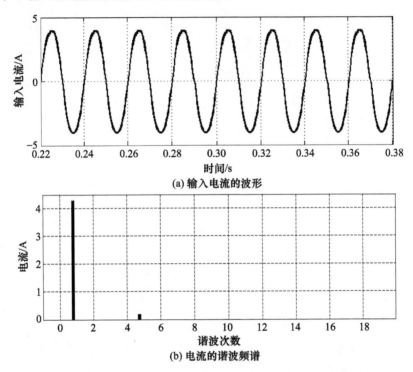

图7.10 单位功率因数三相桥式整流电路额定输出功率下电流的波形及其频谱

由图7.10和图7.11比较可以看出：常规三相桥式整流的输入电流中总谐波畸变率为91.5%，相应的输入功率因数为0.72；加入三个双向开关（即功率因数补偿）后，三相桥式整流电路的输入电流中总谐波畸变率与输入功率因数分别为4.9%和0.998。所以可以说，利用本章提出的参考补偿电流控制策略，控制双向开关的导通和关断，三相桥式整流电路向电网注入的谐波可以明显减少，而且功率因数也有显著提高。

为了进一步证明新的控制策略下负载发生变化时变换器的工作性能，对单位功率因数三相桥式整流电路工作在额定功率以下以及高于额定功率时的情况，分别进行了仿真研究。当输出功率仅为额定功率的50%时，由输入电流的波形及其频谱分析可以得到，变换器的功率因数为0.996，电流总谐波畸变率为5.4%。

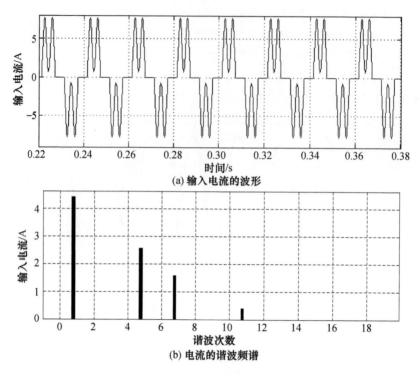

图 7.11 常规的三相桥式整流电路额定输出功率下电流的波形及其频谱

当输出功率为额定功率的 150% 时,对输入电流的波形及其频谱进行分析可以得到,变换器的功率因数为 0.999,电流总谐波畸变率为 4.0%。将不同功率下,基于功率平衡理论控制单位功率因数三相桥式整流电路的双向开关时变换器的功率因数和总谐波畸变率总结于表 7.2。由表 7.2 可以看出,当输出功率较低时,功率因数和总谐波畸变率会变差,而当输出功率较高时,功率因数和总谐波畸变率会得到改善。

表 7.2 不同负载下单位功率因数三相桥式整流电路的功率因数和总谐波畸变率

负载	50% P_o	100% P_o	150% P_o
功率因数	0.996	0.998	0.999
总谐波畸变率/%	5.4	4.9	4.0

注:P_o 为变换器的额定输出功率。

显然,由表 7.2 可以进一步看出,由于新的控制策略下功率因数补偿网络的参考补偿电流考虑了负载的变化,随着负载的变化,参考补偿电流也会发生相应变化。因此,当负载发生变化时,所提出的控制策略仍然具有很高的功率因数,且谐波畸变率较低,具有很好的自适应性。所以,当变换器工作在不同的功率下时,这一控制策略仍会显出自己的优越性,克服了以往的控制策略随负载变化,功率因数会降低的缺点。

2. 实验结果

为了进一步验证所提出的控制策略的有效性,根据图4.3所示的结构,在实验室建立了原理样机。样机的参数与仿真过程中所使用的参数相同。图4.10是原理样机的结构。

将加入双向开关前、后变换器输入电流及其电压的波形分别示于图7.12和图7.13中。这些波形均用在线频谱分析仪 Fluke-43 测得,图的右上角显示了功率因数的值。上面的波形为输入电压,下面的波形为输入电流。

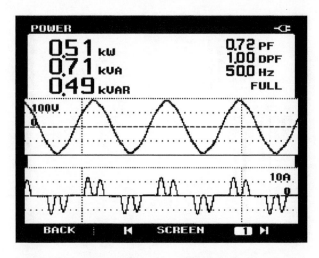

图7.12 常规三相桥式整流电路的输入电压和电流

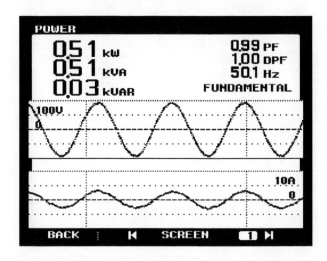

图7.13 新的控制策略下单位功率因数三相桥式整流电路的输入电压和电流

由图 7.12 和图 7.13 可以看出,加入双向开关前,变换器输入电流的功率因数与总谐波畸变率分别为 0.72 和 91.5%。可见,常规三相桥式整流电路的功率因数很低,谐波畸变也较严重。

而所提出的控制策略可以将总谐波畸变率减小到 5.0%,并将功率因数提高到 0.99。显然,该控制策略对总谐波畸变率及其功率因数的改善还是很显著的。实验结果与数字仿真的波形图 7.10 和图 7.11 是一致的,进一步证明了该控制策略的正确性。

如图 7.14 与图 7.15 所示,分别为常规三相桥式整流与加入双向开关后新的控制策略下整流桥输入电流的快速傅里叶变换(FFT)后的频谱。

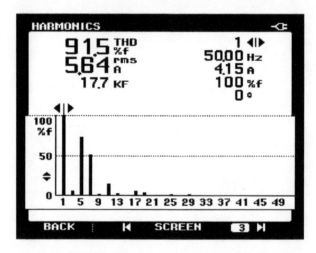

图 7.14　常规三相桥式整流电路的输入电流频谱

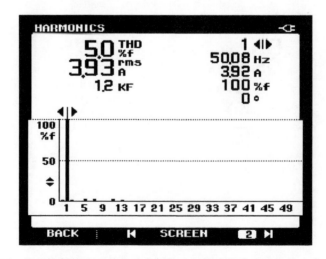

图 7.15　新的控制策略下单位功率因数三相桥式整流电路的输入电流频谱

第 7 章 基于功率平衡理论的控制方式

新的控制策略下,当单位功率因数三相桥式整流电路工作在额定功率的 40% 时,对输入电压和电流的波形及电流的谐波频谱进行分析可以得到,输入电流的功率因数为 0.99,总谐波畸变率增加到 5.5%。

当整流桥工作在额定功率的 120% 时,对输入电压和电流的波形及电流的谐波频谱进行分析可以得到,输入电流的功率因数为 0.99,总谐波畸变率降为 4.0%。表 7.3 是由实验得到的单位功率因数三相桥式整流电路输出功率不同时,对变换器的功率因数和总谐波畸变率进行总结得到的。

表 7.3 不同负载下单位功率因数三相桥式整流电路的
功率因数和总谐波畸变率

负载	40% P_o	100% P_o	120% P_o
功率因数	0.99	0.99	0.99
总谐波畸变率/%	5.5	5.0	4.0

注:P_o 为变换器的额定输出功率。

为了验证新的控制策略下输入电感的变化对功率因数补偿网络补偿性能的影响,图 7.16 和图 7.17 分别给出了当输入电感为 3mH 和 7mH 时输入电流和电压的波形,上面的波形仍然为电压波形,下面的波形为电流波形。

由所有实验结果可以看出,在新的控制策略下,单位功率因数三相桥式整流电路克服了常规整流桥的弊端。例如:随着输出功率或者输入电感的变化,输入功率因数都会有很大波动。从而验证了理论的正确性。

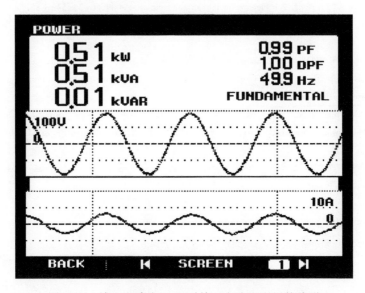

图 7.16 输入电感为 3mH 时输入电流和电压的波形

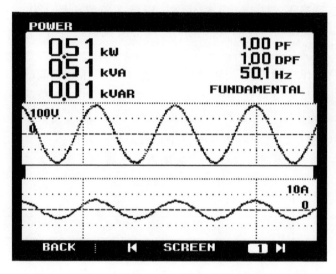

图 7.17　输入电感为 7mH 时输入电流和电压的波形

参考文献

[1] 张少如,吴爱国,李同华. 无轴承永磁同步电机转子偏心位移的直接控制[J]. 中国电机工程学报, 2007,27(12):65 – 70.

[2] ZHANG S R,LUO F L. Direct control of radial displacement for bearingless permanent magnet – type synchronous motors[J]. IEEE Transactions on Industrial Electronics,2009,56(2):542 – 552.

[3] 张少如,吴爱国,盖彦荣等. 并联型有源滤波器直流电压的简单自适应控制[J]. 电网技术,2007,31(17):11 – 15.

[4] DROFENIK U, KOLAR J W. Comparison of not synchronized sawtooth carrier and synchronized triangular carrier phase current control for the VIENNA rectifier I[C]//Proceedings of IEEE International Symposium on Industrial Electronics. Bled,Slovenia:1999,13 – 19.

[5] QIAO C,SMEDLEY K M. Three – phase unity – power – factor star – connected switch (VIENNA) rectifier with unified constant – frequency integration control[J]. IEEE Transactions on Power Electronics,2003,18(4):952 – 957.

[6] LIU F,MASWOOD A I. A novel variable hysteresis band current control of three – phase three – level unity PF rectifier with constant switching frequency[J]. IEEE Transactions on Power Electronics,2006,21(6):1727 – 1734.

[7] MASWOOD A I,LIU F. A unity power factor front – end rectifier with hysteresis current control[J]. IEEE Transactions on Energy Conversion,2006,21(1):69 – 76.

[8] MASWOOD A I,LIU F. A novel unity power factor input stage for AC drive application[J]. IEEE Transactions on Power Electronics,2005,20(4):839 – 846.

[9] PEJOVIC P. A novel low – harmonic three – phase rectifier[J]. IEEE Transactions on Circuits and Systems, 2002,49(7):955 – 965.

[10] 张少如,张云清,王平军,等. 并联型有源电力滤波器谐波及无功电流的检测[J]. 河北工业大学学

报,2012,41(4):5-8.

[11] ZHANG Y Q,ZHANG S,WANG P J,etal. A reference compensation current control strategy for grid-connected inverter of three-phase distributed generators[J]. TELKOMNIKA Indonesian Journal of Electrical Engineering,2014,12(5):3586-3594.

第8章 综合考虑各项指标的控制方法

为了进一步提高单位功率因数三相桥式整流电路的功率因数,本章提出了一种稳态优化的方法,以确定功率因数补偿网络的参考补偿电流,并满足各项性能指标的要求。该方法,将单位功率因数三相桥式整流电路的非线性考虑在内,综合考虑了各种性能指标,包括单次谐波电流畸变率、总的电流畸变率、功率因数、有功消耗等,并进行优化,推导出最优电流补偿增益和相移。首先将三相负载电流通过具有最优电流补偿增益和相移的电流补偿器滤波,得到补偿后期望的电网电流(正弦波并与电网电压同步)。将负载电流减去期望的电网电流,就可以得到需要补偿的电流。补偿电流信号控制三个双向开关(S_a、S_b、S_c)的导通时刻以及时长,就可以实现补偿的目的。利用这种方法控制单位功率因数三相桥式整流电路,可以使电网电流满足 IEEE 标准对谐波畸变的要求,负载的功率因数也会满足指定的要求。仿真和实验结果均证明,该方法在减小电网电流谐波畸变以及提高负载功率因数方面的有效性。

8.1 补偿电流控制

8.1.1 补偿电流控制

任何负载消耗的电流都希望是三相平衡的正弦波并与电网电压的相位一致,只有这样,负载的功率因数才会提高。显然单位功率因数三相桥式整流电路,也不例外地需要满足这一要求,同时满足 IEEE-519 标准对谐波电流畸变率的要求。为了满足这些要求,单位功率因数三相桥式整流电路的电网电流可通过图 8.1 所示的补偿电流控制算法得到。

当需要补偿负载所产生的谐波电流时,首先要检测出补偿对象负载电流 i_l 的谐波分量 i_{lh},将其反极性后作为补偿电流信号 i_{fk}^*,由补偿电流发生电路产生的补偿电流 i_{fk} 与负载电流中的谐波成分 i_{lh} 大小相等、方向相反,因而两者相互抵消,使得电源电流 i_k($k \in K$, $K=\{a,b,c\}$)中只含基波,不含谐波。上述原理可用如下的公式描述:

$$i_k = i_{lk} + i_{fk} \tag{8.1}$$

第8章 综合考虑各项指标的控制方法

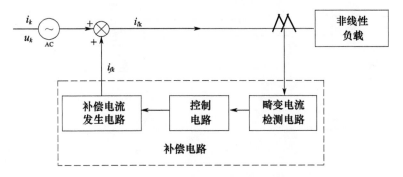

图 8.1 补偿电流控制框图

$$i_{lk} = i_{l1} + i_{lh} \tag{8.2}$$

$$i_{fk} = -i_{lh} \tag{8.3}$$

$$i_k = i_{lk} + i_{fk} = i_{l1} \tag{8.4}$$

式中:h 代表基波(即 $h=1$,此时 $i_{lh}=i_{l1}$。)和各次谐波分量(即 $h>1$)。

如果要在补偿谐波的同时,补偿无功功率,那么只需要在补偿电流的指令信号中增加与负载电流的基波无功分量反极性的电流成分即可。这样,补偿电流与负载电流中的谐波和无功电流相互抵消,电源电流等于负载电流的基波有功分量。

1. p、q 检测法

p、q 检测方法的原理如图 8.2 所示。图中,p 为三相瞬时有功功率,q 为三相瞬时无功功率,经低通滤波器(LPF)得 p、q 的直流分量 $\bar{p}$、$\bar{q}$。电网电压无畸变时,$\bar{p}$ 为基波有功电流与电压作用所产生,$\bar{q}$ 为基波无功电流与电压作用所产生。由 $\bar{p}$、$\bar{q}$ 即可计算出被检测电流 i_a、i_b、i_c 的基波分量 i_{a1}、i_{b1}、i_{c1}。

$$\begin{bmatrix} i_{a1} \\ i_{b1} \\ i_{c1} \end{bmatrix} = \boldsymbol{C}_{23} \boldsymbol{C}_{pq}^{-1} \begin{bmatrix} \bar{p} \\ \bar{q} \end{bmatrix} = \frac{1}{e^2} \boldsymbol{C}_{23} \boldsymbol{C}_{pq} \begin{bmatrix} \bar{p} \\ \bar{q} \end{bmatrix} \tag{8.5}$$

式中:$\boldsymbol{C}_{23} = \boldsymbol{C}_{32}^{\mathrm{T}}$;$\boldsymbol{C}_{32} = \sqrt{2/3} \begin{bmatrix} 1 & -1/2 & -1/2 \\ 0 & \sqrt{3}/2 & -\sqrt{3}/2 \end{bmatrix}$;$\boldsymbol{C}_{pq} = \begin{bmatrix} \boldsymbol{e}_\alpha & \boldsymbol{e}_\beta \\ \boldsymbol{e}_\beta & -\boldsymbol{e}_\alpha \end{bmatrix}$,其中 e_α、e_β 是各相电压的瞬时值 u_a、u_b、u_c 到 α、β 两相正交坐标系下的瞬时电压,矢量 $\boldsymbol{e}_\alpha$、$\boldsymbol{e}_\beta$ 可以合成为旋转电压矢量 $\boldsymbol{e}$,且有 $\boldsymbol{e} = \boldsymbol{e}_\alpha + \boldsymbol{e}_\beta = e \angle \varphi_e$。

将 i_{a1}、i_{b1}、i_{c1} 分别与 i_a、i_b、i_c 相减,即可得出 i_a、i_b、i_c 的谐波分量 i_{ah}、i_{bh}、i_{ch}。

当负载消耗的功率含有无功分量时,就需要同时检测出被补偿对象中的谐

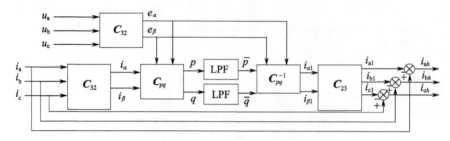

图 8.2 p、q 检测法原理图

波和无功电流。这种情况下，只需要断开图 8.2 计算 q 的通道即可。此时，由 $\bar{p}$ 即可计算被检测电流 i_a、i_b、i_c 的基波有功分量 i_{ap1}、i_{bp1}、i_{cp1} 为

$$\begin{bmatrix} i_{ap1} \\ i_{bp1} \\ i_{cp1} \end{bmatrix} = \boldsymbol{C}_{23} \boldsymbol{C}_{pq}^{-1} \begin{bmatrix} \bar{p} \\ 0 \end{bmatrix} \tag{8.6}$$

由于采用了低通滤波器（LPF）求取 $\bar{p}$、$\bar{q}$，因而当被检测电流发生变化时，需要经过一定的延时。但当只检测无功电流时，不需要低通滤波器，而只需要将 q 反变换即可得出无功电流，这样就不存在延时了，得到的无功电流如式（8.7）所示：

$$\begin{bmatrix} i_{aq} \\ i_{bq} \\ i_{cq} \end{bmatrix} = \frac{1}{e^2} \boldsymbol{C}_{23} \boldsymbol{C}_{pq} \begin{bmatrix} 0 \\ q \end{bmatrix} \tag{8.7}$$

从图 8.2 及以上分析可以看出，这种谐波电流检测方法的精度受电网电压影响，当电网电压为非对称、发生畸变时会导致检测不准，为了克服这一缺点，可以采用 i_p、i_q 检测法。

2. i_p、i_q 检测法

该方法的原理如图 8.3 所示，图中

$$\boldsymbol{C} = \begin{bmatrix} \sin(\omega t) & -\cos(\omega t) \\ -\cos(\omega t) & -\sin(\omega t) \end{bmatrix}, \quad \boldsymbol{C}_{23} = \boldsymbol{C}_{32}^{\mathrm{T}} \tag{8.8}$$

由瞬时无功功率理论可得

$$\begin{bmatrix} i_\alpha \\ i_\beta \end{bmatrix} = \boldsymbol{C}_{32} \begin{bmatrix} i_a \\ i_b \\ i_c \end{bmatrix} \tag{8.9}$$

第8章 综合考虑各项指标的控制方法

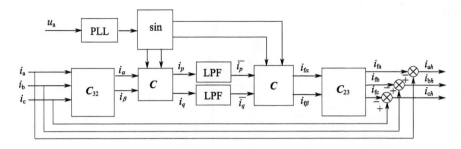

图 8.3 i_p、i_q 检测法

式中

$$\boldsymbol{C}_{32} = \sqrt{2/3} \begin{bmatrix} 1 & -\dfrac{1}{2} & -\dfrac{1}{2} \\ 0 & \dfrac{\sqrt{3}}{2} & -\dfrac{\sqrt{3}}{2} \end{bmatrix} \quad (8.10)$$

又因为

$$\begin{bmatrix} i_p \\ i_q \end{bmatrix} = \boldsymbol{C} \begin{bmatrix} i_\alpha \\ i_\beta \end{bmatrix} = \boldsymbol{C} \cdot \boldsymbol{C}_{32} \begin{bmatrix} i_a \\ i_b \\ i_c \end{bmatrix} \quad (8.11)$$

经过低通滤波器后,得到直流分量 $\overline{i_p}$、$\overline{i_q}$。这里的 $\overline{i_p}$、$\overline{i_q}$ 是由 i_{fa}、i_{fb}、i_{fc} 产生的,所以有

$$\begin{bmatrix} i_{fa} \\ i_{fb} \\ i_{fc} \end{bmatrix} = \boldsymbol{C}_{32} \cdot \boldsymbol{C} \begin{bmatrix} \overline{i_p} \\ \overline{i_q} \end{bmatrix} \quad (8.12)$$

i_{fa}、i_{fb}、i_{fc} 与 i_a、i_b、i_c 相减得到要补偿的谐波分量 i_{ah}、i_{bh}、i_{ch}。式中,$\boldsymbol{C}$ 是由式(8.8)中的 $\boldsymbol{C}$ 确定的,由 a 相电压同相位的正余弦信号组成,它们由一个锁相环和一个正余弦发生电路产生。

与 p、q 运算检测法相似,当要检测谐波和无功电流之和时,只需要断开图 8.3 中对 i_q 计算即可。而如果只需检测无功电流,则只对 i_q 进行反变换即可。

8.1.2 优化参考补偿电流理论

单位功率因数三相桥式整流电路的电网电流可通过图 8.4 所示的优化控制算法得到。通过对负载电流滤波得到期望的电网电流,滤波所需的增益及对各次谐波的延迟相角均由优化控制算法得到。将负载电流减去期望的电网电流,就可以得到参考补偿电流。

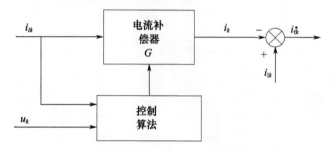

图 8.4 确定参考补偿电流的优化控制算法框图

图中,u_k 为由式 (8.13) 确定的三相电网电压矢量,i_{lk} 和 i_k 分别为三相负载电流矢量和补偿后的电网电流矢量,分别由式(8.15)和式(8.16)所确定。G 为 i_{lk} 和 i_k 之间的传递函数。由式(8.16)可知,要想由负载电流得到期望的电网电流,就必须解决补偿器的传递函数。

$$u_k = \begin{bmatrix} u_a \\ u_b \\ u_c \end{bmatrix} \quad (8.13)$$

式中

$$\begin{cases} u_a = \sum_{h \in H} \sqrt{2} U_a^h \sin[h(\omega t) + \delta_a^h] \\ u_b = \sum_{h \in H} \sqrt{2} U_b^h \sin[h(\omega t - 2\pi/3) + \delta_b^h] \\ u_c = \sum_{h \in H} \sqrt{2} U_c^h \sin[h(\omega t + 2\pi/3) + \delta_c^h] \end{cases} \quad (8.14)$$

$$i_{lk} = \begin{bmatrix} i_{la} \\ i_{lb} \\ i_{lc} \end{bmatrix} \quad (8.15)$$

$$i_k = \begin{bmatrix} i_a \\ i_b \\ i_c \end{bmatrix} = G i_{lk} \quad (8.16)$$

设各相的负载电流如下:

$$\begin{cases} i_{l\mathrm{a}} = \sum_{h \in H} \sqrt{2} I_\mathrm{a}^h \sin[h(\omega t) + \theta_\mathrm{a}^h] \\ i_{l\mathrm{b}} = \sum_{h \in H} \sqrt{2} I_\mathrm{b}^h \sin[h(\omega t - 2\pi/3) + \theta_\mathrm{b}^h] \\ i_{l\mathrm{c}} = \sum_{h \in H} \sqrt{2} I_\mathrm{c}^h \sin[h(\omega t + 2\pi/3) + \theta_\mathrm{c}^h] \end{cases} \quad (8.17)$$

式中:$h \in H = \{1,2,3,\cdots,N\}$,$N$ 为需要考虑的各次谐波。由图 8.4 可以看出,补偿后的电网电流矢量必须满足下式:

$$\bar{I}_k^h = \bar{G}_k^h \bar{I}_{lk}^h \quad (h \in H, k \in K) \quad (8.18)$$

式中:$K = \{\mathrm{a,b,c}\}$;$\bar{G}_k^h = G_k^h \angle \phi_k^h$ 是对于 k 相 h 次谐波电流补偿器的增益和相位延迟;$\bar{I}_{lk}^h = I_k^h \angle \theta_k^h$ 是负载电流矢量。将式(8.17)代入式(8.18)得补偿后电网电流为

$$\begin{cases} i_\mathrm{a} = \sum_{h \in H} \sqrt{2} G_\mathrm{a}^h I_\mathrm{a}^h \sin[h(\omega t) + \theta_\mathrm{a}^h + \phi_\mathrm{a}^h] \\ i_\mathrm{b} = \sum_{h \in H} \sqrt{2} G_\mathrm{b}^h I_\mathrm{b}^h \sin[h(\omega t - 2\pi/3) + \theta_\mathrm{b}^h + \phi_\mathrm{b}^h] \\ i_\mathrm{c} = \sum_{h \in H} \sqrt{2} G_\mathrm{c}^h I_\mathrm{c}^h \sin[h(\omega t + 2\pi/3) + \theta_\mathrm{c}^h + \phi_\mathrm{c}^h] \end{cases} \quad (8.19)$$

通过观察式(8.15)~式(8.19),对单位功率因数三相桥式整流电路的优化控制策略可以转化为,确定合适的补偿器增益和相位延迟。由单位功率因数三相桥式整流电路的工作原理可知,每相的参考补偿电流可通过下式计算得到:

$$i_{\mathrm{f}k}^* = i_{lk} - i_k \quad (k \in K) \quad (8.20)$$

即负载电流减去期望的电网电流得到功率因数补偿网络的参考补偿电流。

电网电压有效值 U_i 和参考补偿电流的有效值 $I_{\mathrm{f,rms}}$ 由下式定义:

$$U_\mathrm{i} = \sqrt{\sum_{h \in H} \sum_{k \in K} (U_k^h)^2} \quad (8.21)$$

$$I_{\mathrm{f,rms}} = \sqrt{\sum_{h \in H} \sum_{k \in K} (I_{\mathrm{f}k}^h)^2} \quad (8.22)$$

式(8.21)、式(8.22)中 U_k^h 和 $I_{\mathrm{f}k}^h$ 分别是 h 次谐波电网电压的有效值和功率因数补偿网络补偿电流的有效值。

8.2 电流补偿器的增益和相位延迟的约束问题

8.2.1 根据谐波标准的各种约束

为了得到电流补偿滤波器的增益和对各次谐波的相位延迟,根据 IEEE-519 标准对谐波的要求,其优化控制策略的约束如下:

1) 单次及总的谐波畸变率限制

补偿后电网电流的单次谐波电流畸变需满足如下不等式:

$$(\text{IHD}_1)_k^h = \frac{I_k^h}{I_k^1} \leq \alpha_k^h \quad (h \in H, h \neq 1, k \in K) \tag{8.23}$$

式中:IHD_1 为单次谐波电流畸变,根据式(8.18),式(8.23)可表示为

$$(\text{IHD}_1)_k^h = \frac{G_k^h I_{1k}^h}{G_k^1 I_{1k}^1} \leq \alpha_k^h \tag{8.24}$$

补偿后,电网电流总的谐波畸变率必须满足如下不等式:

$$(\text{THD}_1)_k = \sqrt{\frac{\sum_{h \in H}(I_k^h)^2}{I_k^1}} \leq \beta_k \quad (h \neq 1, k \in K) \tag{8.25}$$

根据式(8.24),式(8.25)演化为

$$(\text{THD}_1)_k = \sqrt{\frac{\sum_{h \in H}(G_k^h I_{1k}^h)^2}{G_k^1 I_{1k}^1}} \leq \beta_k \tag{8.26}$$

式(8.24)和式(8.26)中,α_k^h 和 β_k 是 IEEE-519 谐波标准所限制的 k 相谐波单次及总的畸变率。

2) 负载功率因数的限制

补偿后负载功率因数为

$$\lambda = \frac{P_l}{U_i I_i} \tag{8.27}$$

式中:I_i、U_i 和 P_l 分别为电网电流有效值、电网电压有效值、负载消耗的有功功率,且分别由式(8.28)、式(8.21)和式(8.29)所定义:

$$I_i = \sqrt{\sum_{h \in H}\sum_{k \in K}(I_k^h)^2} = \sqrt{\sum_{h \in H}\sum_{k \in K}(G_k^h I_{1k}^h)^2} \tag{8.28}$$

$$P_l = \frac{1}{T}\int_0^T \left(\sum_{k \in K} u_k i_{lk}\right) dt \tag{8.29}$$

补偿后，负载功率因数要大于其下界 $\underline{\lambda}$，即

$$\lambda = \frac{P_l}{U_i I_i} \geq \underline{\lambda} \tag{8.30}$$

或以补偿后电网电流表示：

$$I_i \leq \overline{I}_k \tag{8.31}$$

式中：$\overline{I}_k = P_l / \underline{\lambda} U_i$。

3) 有功消耗的限制

功率因数补偿网络既不消耗也不向负载提供任何有功，负载消耗的有功必须与电网提供的有功完全一致，即

$$P_f = \frac{1}{T} \int_0^T \left(\sum_{k \in K} u_k i_{fk}^* \right) dt = 0 \tag{8.32}$$

$$P = \frac{1}{T} \int_0^T \left(\sum_{k \in K} u_k i_k \right) dt = P_l \tag{8.33}$$

所以，将式(8.14)和式(8.19)代入式(8.33)可得

$$\sum_{k \in K} \sum_{h \in H} U_k^h G_k^h I_{lk}^h \cos(\delta_k^h - \theta_k^h - \phi_k^h) = P_l \tag{8.34}$$

8.2.2 目标函数

功率因数补偿网络的目标函数或性能指标是使补偿后的三相电流总谐波畸变量最小，并且负载功率因数最大。

三相电流总谐波畸变率为

$$f_{\text{obj}} = \sum_{k \in K} (\text{THD}_I)_k \tag{8.35}$$

式中：$(\text{THD}_I)_k$ 由式(8.26)所确定。

补偿后负载功率因数由式(8.27)所确定。因为 U_i 和 P_l 在功率因数补偿前就已知，所以补偿后负载功率因数最大与电网电流有效值最小是一致的，则目标函数将成为

$$f_{\text{obj}} = I_i \tag{8.36}$$

式中：I_i 由式(8.28)定义。

综上，考虑到 IEEE-519 标准对各次谐波及总谐波畸变率、功率因数以及有功消耗等不同性能指标的要求，为了得到优化补偿器的增益 G_k^h 和各次谐波的相位延迟 ϕ_k^h，必须满足的约束条件如下：

$$\begin{cases} (\mathrm{IHD_I})_k^h \leqslant \alpha_k^h & (h \in H, h \neq 1, k \in K) \\ (\mathrm{THD_I})_k \leqslant \beta_k & (h \neq 1, k \in K) \\ I_\mathrm{i} \leqslant \bar{I}_k \\ \sum_{k \in K}\sum_{h \in H} U_k^h G_{lk}^h I_{lk}^h \cos(\delta_k^h - \theta_k^h - \phi_k^h) = P_l \end{cases} \tag{8.37}$$

8.3 综合考虑各项指标的控制方法

8.3.1 控制系统框图

图 8.5 给出了新方法控制下控制系统的框图。图中主要包括如下几部分：最优参考补偿电流计算器、单位功率因数三相桥式整流电路、直流电压比例积分(PI)控制器。直流电压控制器将直流侧的实际电压与参考直流电压进行比较，产生有功损耗信号 p_w，对双向开关的开关损耗以及直流侧电容的漏电损耗进行补偿，以维持直流侧电压的稳定。

图中，最优参考补偿电流计算器是根据前面提出的最优控制策略进行计算的，从而可以得到期望的电网电流。每相中各次谐波的增益和相位延迟，均由上述约束的解得到。

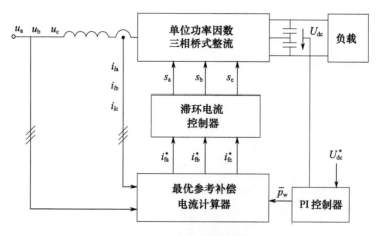

图 8.5 控制系统框图

图 8.6 是用所提出的控制方法求解最优参考补偿电流的控制器。图中，三相负载电流中各次谐波的幅值和相角由锁相环得到，负载所消耗的有功根据下式计算：

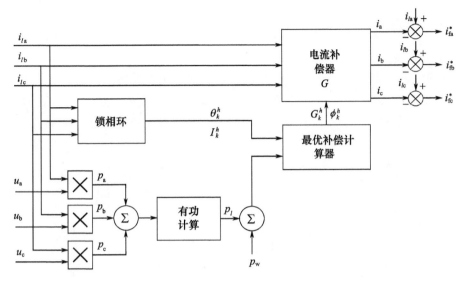

图 8.6 基于最优控制算法的控制器结构图

$$\bar{p}_l = \frac{1}{T} \int_0^T \sum_{k \in K} u_k i_{lk} \mathrm{d}t \tag{8.38}$$

各次电流谐波的幅值和相角、负载消耗的有功,经过最优补偿计算器后,得到电流补偿器的增益和对各次谐波的相位延迟。负载电流乘以电流补偿器的增益即得到每相中期望的电网电流。负载电流减去期望的电网电流得到功率因数补偿网络的最优参考补偿电流信号,经滞环电流控制器后得到各个双向开关的门极触发信号,如图 8.5 所示。

8.3.2 控制器设计

为了证明所提出控制策略的性能,利用 MATLAB – SIMULINK 建立了单位功率因数三相桥式整流电路的模型,并进行仿真与实验。

式(8.37)所示,是一种带约束的最优问题,所有约束均为非线性的,在 MATLAB 的 Optimization Toolbox 中具有解决不同类型最优问题的算法[1]。这一工具箱可用来求解本章的约束问题。应用这一工具箱最大的优点就是,可以和 MATLAB 或 Simulink 建立联接,从而创造良好的仿真环境。

为了说明所设计变换器的可行性,仿真过程中采用工业常用的样机模型,样机模型的参数如下:

(1) 输入相电压为 220V;

(2) 直流侧输出电压参考值为 370V;

(3) 输入电感为 5mH;

(4) 额定输出功率为 1kW。

8.3.3 仿真与实验

1. 仿真结果

根据图 4.3 所示的结构图,利用上述参数进行仿真。图 8.7 所示为单位功率因数三相桥式整流电路在额定输出功率下输入相电流的波形及其谐波频谱。图 8.8 所示为常规的三相桥式整流电路在额定输出功率下输入相电流的波形及其谐波频谱。

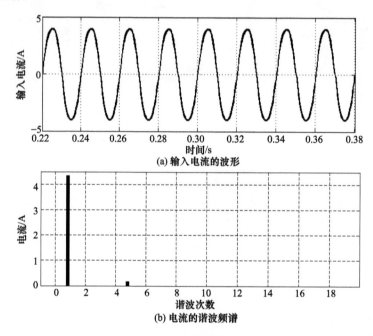

图 8.7 单位功率因数三相桥式整流电路额定输出功率下电流波形及其频谱

由图 8.7 和图 8.8 比较可以看出:常规三相整流桥的输入电流中总谐波畸变率为 91.5%,相应的输入功率因数为 0.72;加入三个双向开关后(即功率因数补偿后),单位功率因数三相桥式整流电路的输入电流中总谐波畸变率与输入功率因数分别为 3.75% 和 0.999。所以,可以说,利用本章提出的参考补偿电流控制策略来控制双向开关的导通和关断,单位功率因数三相桥式整流电路向电网注入的谐波可以明显减少,而且负载的功率因数也有显著提高。

为了进一步证明负载发生变化时变换器的工作性能,对单位功率因数三相桥式整流电路工作在额定输出功率以下以及高于额定输出功率的情况,分别进行了仿真研究。当输出功率为额定功率的 50% 时,对输入电流的波形及其谐波频谱进行分析,可以得到,变换器的功率因数为 0.999,电流总谐波畸变率为 4.0%。

第8章 综合考虑各项指标的控制方法

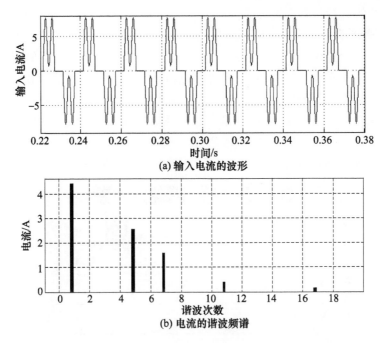

图 8.8 常规的三相整流桥额定输出功率下电流波形及其频谱

当变换器的输出功率是额定功率的 150% 时,对变换器输入电流的波形及其频谱分析可以得到,变换器的功率因数为 0.999,电流总谐波畸变率为 3.7%。对单位功率因数三相桥式整流电路工作在不同负载下的功率因数和总谐波畸变率进行总结,如表 8.1 所列。

表 8.1 不同负载下单位功率因数三相桥式整流电路的功率因数和总谐波畸变率

负载	50% P_o	100% P_o	150% P_o
功率因数	0.999	0.999	0.999
总谐波畸变率/%	4.0	3.75	3.7

注:P_o 为变换器的额定输出功率。

显然,由表 8.1 可以看出,当负载发生变化时,所提出的控制策略具有很好的自适应性。所以,当变换器工作在不同的功率下时,这一控制策略仍会显出自己的优越性能。

由仿真结果可以看出,由于本章提出的控制策略综合考虑了 IEEE 519 谐波标准的各项性能指标,并进行了优化,因此即使负载发生变化时(即输出功率的变化),单位功率因数三相桥式整流电路仍然具有很好的工作特性,即功率因数较高,向电网注入的谐波电流较小。同时,在这种方法的控制下,该整流电路满足谐波标准的各种指标。

2. 实验结果

为了进一步验证所提出的控制策略的有效性,根据图 4.3 所示的结构,在实验室建立了原理样机。样机的参数与仿真过程中所使用的参数相同。原理样机的结构图如图 4.10 所示。

加入双向开关前、后变换器的输入电流及其电压的波形分别示于图 8.9 和图 8.10 中。这些波形均用在线频谱分析仪 Fluke-43 测得,图的右上角显示了功率因数的值。上面的波形为输入电压,下面的波形为输入电流。

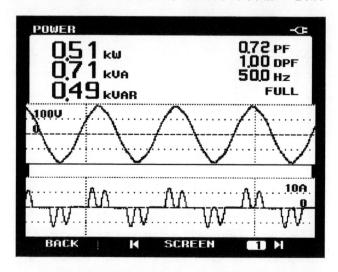

图 8.9 常规三相桥式整流电路的输入电压和电流

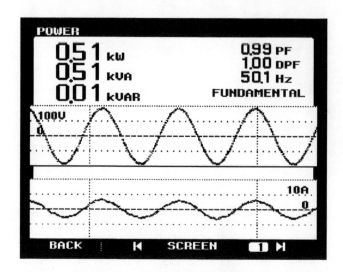

图 8.10 新的控制策略下单位功率因数三相桥式整流电路的输入电压和电流

第 8 章　综合考虑各项指标的控制方法

由图 8.9 和 8.10 可以看出,加入双向开关前,变换器输入电流的功率因数,与总谐波畸变率分别为 0.72 和 91.5%。可见,常规三相桥式整流电路的功率因数很低,谐波畸变也较严重。所提出的控制策略可以将总谐波畸变率减小到 3.8%,并将功率因数提高到 0.99。

图 8.11 与图 8.12 所示分别为常规三相整流桥与加入双向开关后新的控制策略下整流桥输入电流的快速傅里叶变换(FFT)后的频谱。

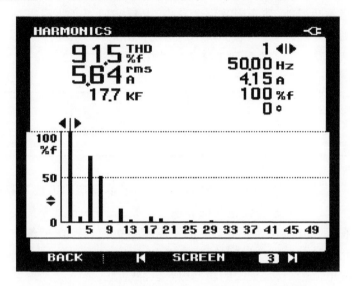

图 8.11　常规三相桥式整流电路输入电流的频谱

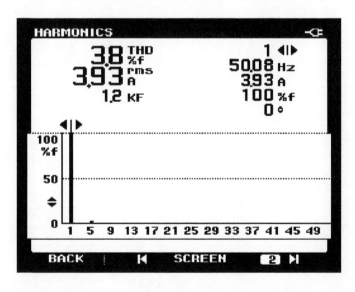

图 8.12　新的控制策略下单位功率因数三相桥式整流电路的输入电流频谱

165

当单位功率因数三相桥式整流电路工作在额定功率的50%时，输入电流的功率因数为0.99，总谐波畸变率增加到4.0%；当整流桥工作在额定功率的150%时，输入电流的功率因数为0.99，总谐波畸变率降为3.7%。由实验测得的单位功率因数三相桥式整流电路工作在不同负载下时的功率因数和总谐波畸变率总结于表8.2，由表8.2可以看出，采用综合考虑各种性能指标的控制策略控制单位功率因数三相桥式整流电路的双向开关，负载发生变化时尽管向电网注入的谐波仍然会增加，功率因数也会减小，但是它们的变化都很小，使装备电网的性能得到很好的改善，保证了其他用电设备的正常工作。

表8.2 不同负载下单位功率因数三相桥式整流电路的
功率因数和总谐波畸变率

负载	50% P_o	100% P_o	150% P_o
功率因数	0.99	0.99	0.99
总谐波畸变率/%	4.0	3.8	3.7

注：P_o为变换器的额定输出功率。

由所有实验结果可以看出，在新的控制策略下单位功率因数三相桥式整流电路克服了常规三相桥式整流电路的弊端。例如：随着输出功率的变化，输入功率因数都会有很大波动等等。由于新的控制策略中综合考虑了各种性能指标，并进行了优化，所以，在新的控制策略下，单位功率因数三相桥式整流电路向电网注入的谐波电流较小，且负载的功率因数较高。

参考文献

[1] ZHANG Y, COLEMAN T F. Optimization toolbox for use with MATLAB[M]. Natick: The Math Works Press, 2004.

第9章 直流侧电压的简单自适应控制

单位功率因数三相桥式整流电路的直流侧电压必须维持稳定,才能使负载稳定工作。即使在负载突变时,也应能很好地调节直流侧电压。而直流侧电压的控制一般采用 PI 控制,但 PI 控制依赖于系统精确的数学模型,而这又是很难得到的;并且在系统参数发生变化及负载扰动时,PI 控制的性能将变差。因为直流侧电压的变化滞后于负载的变化,所以设计适合于各种情况下的控制器参数将成为不可能。这种情况下,可以采用自适应控制的方法来设计直流侧电压控制器。

自适应控制可以分为自校正控制(STC)和模型参考自适应控制(MRAC)两大类。其中,模型参考自适应控制有其特有的优点,如自适应算法计算的复杂度比较低、响应快等,而响应快对提高系统的暂态稳定性又是很重要的,所以进一步研究模型参考自适应控制在工业上的应用很有必要。

传统的模型参考自适应控制的原理框图如图 9.1 所示,期望的系统性能由参考模型所界定[1]。其中,u_m 为参考输入矢量,u_p 为控制输入矢量。参考模型的输出 y_m 与被控对象的输出 y_p 之间的偏差 e_y 根据某种自适应律,调整控制器的自适应参数,使闭环系统的输出渐近跟踪参考模型的输出。

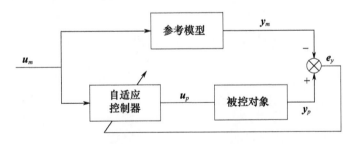

图 9.1 模型参考自适应控制框图

模型参考自适应控制又可以分为下面三种类型:基于全部状态变量的控制(MRAC – FSA)方法,基于被控对象输入输出描述的控制(MRAC – AO)方法以及用于几乎严正实的被控制对象的自适应控制(MRAC – ASPR)方法。其中,MRAC – FSA 控制方法需要使用全部状态变量,当状态变量不可观测时,需要借助于状态观测器。MRAC – AO 控制方法的使用有时甚至需要自适应观测器,必要的时候还要修改自适应率。可见,MRAC-FSA 控制方法和 MRAC-AO 控制方法的应用都较烦琐。

MRAC-ASPR 控制方法是最近提出的一种自适应控制方法,称为简单自适应控制(simple adaptive control,SAC),它是一种对理想参考模型性能进行跟踪且结构简单的控制算法,既不需要全部状态变量,又不需要自适应观测器,其主要特点如下:①适用于非最小相位系统和多输入输出系统;②选择参考模型和自适应装置时无须知道被控对象的阶次;③易于实现。目前,关于 SAC 的研究还主要集中在对控制器组成结构的研究上,以解决被控对象的几乎严正实性问题,保证参数适应算法的收敛性和控制系统的稳定性。而对参数自适应律的研究却不是很多,还主要采用传统的 PI 型调节律。基于 PI 型适应律的 SAC 算法存在对被控对象要求过严和控制律计算困难等不足。文献[2],将二次性能指标应用于 SAC 自适应律的计算,不仅保持了控制算法结构简单的优点,而且计算容易,适用于具有一定非线性的被控对象并能适应被控对象的环境变化,获得了良好的控制效果。但应用到电力系统仍不能满足电力系统对动态和暂态性能的要求,鉴于此本章采用改进的二次型性能指标,可以在实现对参考模型跟踪的同时又不使控制增量过大,与常规的 PI 型 SAC 相比在适应律的计算过程中引入了控制量的增量和状态误差在 j 及 $(j+1)$ 时刻的采样值,这将使控制的动静态性能得到改善。

9.1 直流侧电压的简单自适应控制算法

9.1.1 简单自适应控制算法

被控对象由下述能控能观的 m 输入、m 输出的 n 阶状态方程描述:

$$\dot{\boldsymbol{x}}_p(t) = \boldsymbol{A}_p \boldsymbol{x}_p(t) + \boldsymbol{B}_p \boldsymbol{u}_p(t) \tag{9.1}$$

$$\boldsymbol{y}_p(t) = \boldsymbol{C}_p \boldsymbol{x}_p(t) \tag{9.2}$$

式中:$\boldsymbol{x}_p(t)$ 为 n 维状态矢量;$\boldsymbol{u}_p(t)$ 为 m 维控制输入矢量;$\boldsymbol{y}_p(t)$ 为 q 维输出矢量;$\boldsymbol{A}_p$、$\boldsymbol{B}_p$、$\boldsymbol{C}_p$ 为具有相应维数的矩阵。相应地,稳定的 m 维输入、m 维输出 n_m 阶参考模型可描述为

$$\dot{\boldsymbol{x}}_m(t) = \boldsymbol{A}_m \boldsymbol{x}_m(t) + \boldsymbol{B}_m \boldsymbol{u}_m(t) \tag{9.3}$$

$$\boldsymbol{y}_m(t) = \boldsymbol{C}_m \boldsymbol{x}_m(t) \tag{9.4}$$

式中:$\boldsymbol{x}_m(t)$ 为 n_m 维参考模型状态矢量;$\boldsymbol{u}_m(t)$ 为 m 维参考输入矢量;$\boldsymbol{y}_m(t)$ 为 q 维参考模型输出矢量;$\boldsymbol{A}_m$、$\boldsymbol{B}_m$、$\boldsymbol{C}_m$ 为具有相应维数的矩阵。

定义输出跟踪误差为

$$e_y(t) = y_m(t) - y_p(t) \tag{9.5}$$

控制的目的是,使被控对象的输出渐近跟踪参考模型的输出,即

$$\lim_{t \to \infty} e_y(t) = 0 \tag{9.6}$$

控制律的计算式为

$$u_p(t) = K_e(t)e_y(t) + K_x(t)x_m(t) + K_u(t)u_m(t)$$
$$= K(t)r(t) \tag{9.7}$$

式中

$$K(t) = [K_e(t) \quad K_x(t) \quad K_u(t)] \tag{9.8}$$

$$r^{\mathrm{T}}(t) = [e_y^{\mathrm{T}}(t) \quad x_m^{\mathrm{T}}(t) \quad u_m^{\mathrm{T}}(t)] \tag{9.9}$$

增益矩阵 $K(t)$ 由下列 PI 型自适应律在线调整。

$$K(t) = K_p(t) + K_I(t) \tag{9.10}$$

$$K_p(t) = e_y(t)r^{\mathrm{T}}(t)T_p, \quad T_p = T_p^{\mathrm{T}} > 0 \tag{9.11}$$

$$\dot{K}_I(t) = e_y(t)r^{\mathrm{T}}(t)T_I, \quad T_I = T_I^{\mathrm{T}} \geq 0 \tag{9.12}$$

简单自适应控制系统的结构如图 9.2 所示。

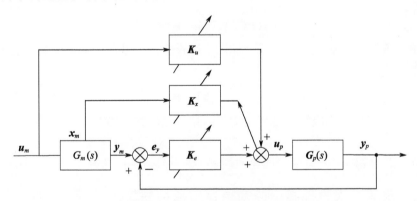

图 9.2 简单自适应控制系统结构框图

当 $u_m(t)$ 为阶跃输入时,输出完全跟踪的条件是存在反馈增益 K_e 使得闭环传递函数阵:

$$G_c(s) = C_p(sI - A_p + B_pK_eC_p)^{-1}B_p \tag{9.13}$$

是严格正实的,满足上述条件的被控对象称为几乎严正实的(almost strict positive realness, ASPR)。

对于单输入单输出(single input single output, SISO)系统来说,上述条件意味着被控对象应是逆稳定的、相对次数为 1 且最高次幂系数为正。应该说几乎严正实条件是比较苛刻的,很多实际系统并不具有这样的特性。为了使一般的

被控对象具有几乎严正实性,Bar – Kana 引入并联前馈补偿器构成了扩展系统,如图 9.3 所示。

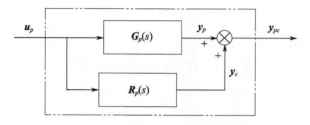

图 9.3 采用前馈补偿器的扩展系统

设非几乎严正实的单输入单输出系统的传递函数为

$$G_p(s) = C_p(sI - A_p)^{-1}B_p \qquad (9.14)$$

前馈补偿器定义为严真的传递函数 $R_p(s)$,其状态方程描述为

$$\dot{x}_c(t) = A_c x_c(t) + B_c u_p(t) \qquad (9.15)$$

$$y_c(t) = C_c x_c(t) \qquad (9.16)$$

扩展系统的输出为

$$y_{pc}(t) = y_p(t) + y_c(t) \qquad (9.17)$$

用扩展系统的输出代替式(9.5)中对象的输出。显然扩展系统的传递函数则可以写为

$$G_a(s) = G_p(s) + R_p(s) \qquad (9.18)$$

只有当前馈补偿器的传递函数 $R_p(s)$ 是被控对象稳定控制器的逆时才能保证扩展系统的相对次数为 1。例如,若一个控制对象在 PD 校正下是稳定的,就可以利用其逆(即一个简单的低通滤波器)作为前馈补偿器。

9.1.2 具有二次性能指标的简单自适应控制算法

当被控对象为线性系统时,系统的离散数学模型可由状态方程式(9.19)描述:

$$\begin{cases} x_p(j+1) = A_p x_p(j) + B_p u_p(j-d) \\ y_p(j) = C_p x_p(j) \end{cases} \qquad (9.19)$$

式中:$y_p(j) \in \mathbf{R}^m$ 为被控对象的输出;$u_p(j) \in \mathbf{R}^m$ 为被控对象的控制输入;$x_p(j) \in \mathbf{R}^n$ 为被控对象状态矢量;d 为系统的纯延迟步数。不失一般性,下面的理论推导均认为 $d = 1$。

按照期望的动静态性能设计如下参考模型:

第9章　直流侧电压的简单自适应控制

$$\begin{cases} \boldsymbol{x}_m(j+1) = \boldsymbol{A}_m \boldsymbol{x}_m(j) + \boldsymbol{B}_m \boldsymbol{u}_m(j) \\ \boldsymbol{y}_m(j) = \boldsymbol{C}_m \boldsymbol{x}_m(j) \end{cases} \quad (9.20)$$

式中：$\boldsymbol{x}_m(j) \in \mathbf{R}^{n_m}$ 为参考模型状态矢量；$\boldsymbol{y}_m(j) \in \mathbf{R}^m$ 为参考模型输出矢量；$\boldsymbol{u}_m(j) \in \mathbf{R}^m$ 为参考输入矢量；$\boldsymbol{A}_m$、$\boldsymbol{B}_m$、$\boldsymbol{C}_m$ 为具有相应维数的定常矩阵。一般有 $n_p \geq m, n_m \geq m$，且 $n_m \ll n_p$。

定义输出跟踪误差为

$$\boldsymbol{e}_y(j) = \boldsymbol{y}_m(j) - \boldsymbol{y}_p(j) \quad (9.21)$$

为了使被控对象的输出渐近跟踪参考模型输出，控制律采用标准的 SAC 计算式，即

$$\begin{aligned} \boldsymbol{u}_p(j) &= \boldsymbol{K}_e(j)\boldsymbol{e}_y(j) + \boldsymbol{K}_x(j)\boldsymbol{x}_m(j) + \boldsymbol{K}_u(j)\boldsymbol{u}_m(j) \\ &= \boldsymbol{K}(j)\boldsymbol{r}(j) \end{aligned} \quad (9.22)$$

式中

$$\boldsymbol{K}(j) = [\boldsymbol{K}_e(j) \quad \boldsymbol{K}_x(j) \quad \boldsymbol{K}_u(j)] \quad (9.23)$$

$$\boldsymbol{r}^\mathrm{T}(j) = [\boldsymbol{e}_y^\mathrm{T}(j) \quad \boldsymbol{x}_m^\mathrm{T}(j) \quad \boldsymbol{u}_m^\mathrm{T}(j)] \quad (9.24)$$

当被控对象参数未知时，为了进行自适应控制，控制算法增益矩阵 $\boldsymbol{K}(j)$ 是由自适应律来调节的，采用使一种二次型性能指标为最小来确定 $\boldsymbol{K}(j)$ 的自适应调节律。

设二次型性能指标为

$$J = \frac{1}{2}[\boldsymbol{E}_y^\mathrm{T}(j+1)\boldsymbol{M}\boldsymbol{E}_y(j+1) + \Delta\boldsymbol{u}_p^\mathrm{T}(j)\boldsymbol{N}\Delta\boldsymbol{u}_p(j)] \quad (9.25)$$

式中：$\boldsymbol{E}_y(j+1) = [\boldsymbol{e}_y(j) \quad \boldsymbol{e}_y(j+1)]^\mathrm{T}$；$\boldsymbol{M} = \boldsymbol{M}^\mathrm{T} > \boldsymbol{0}$ 和 $\boldsymbol{N} = \boldsymbol{N}^\mathrm{T} \geq \boldsymbol{0}$ 分别为跟踪误差和控制增量加权矩阵，使式(9.25)的性能指标取最小来确定控制参数自适应律可以在实现对参考模型跟踪的同时，又不使控制增量过大[3-4]。控制增量矢量定义为

$$\Delta\boldsymbol{u}_p(j) = \boldsymbol{u}_p(j) - \boldsymbol{u}_p(j-1) \quad (9.26)$$

控制算法增益矩阵 $\boldsymbol{K}(j)$ 的自适应律为

$$\boldsymbol{K}(j+1) = \boldsymbol{K}(j) - \eta\frac{\partial J}{\partial \boldsymbol{K}(j)} = \boldsymbol{K}(j) - \eta[\boldsymbol{Q}\Delta\boldsymbol{u}_p(j)\boldsymbol{r}^\mathrm{T}(j) - \boldsymbol{B}_p^\mathrm{T}\boldsymbol{C}_p^\mathrm{T}\boldsymbol{P}\boldsymbol{E}_y(j+1)\boldsymbol{r}^\mathrm{T}(j)] \quad (9.27)$$

式中：$\eta > 0$ 为适应系数。由于式(9.27)本身是自适应调节律，而且参数 $\boldsymbol{M}$、$\boldsymbol{N}$、η 都必须事先选定，因此实际控制时可将 $\boldsymbol{B}_p^\mathrm{T}\boldsymbol{C}_p^\mathrm{T}\boldsymbol{P}$ 合并为加权矩阵 $\boldsymbol{M}$ 直接进行选

定。此时的自适应律为

$$K(j+1) = K(j) - \eta \left[N\Delta u_p(j) r^T(j) - ME_y(j+1) r^T(j) \right] \quad (9.28)$$

由式(9.28)可知,本文所提出的自适应律与以往的 PI 型自适应律的最大不同在于:在 $K(j)$ 的适应计算中引入了控制量的增量 $\Delta u_p(j)$,同时引入状态误差在 j 及 $j+1$ 时刻的采样值,使得调节具有超前性,以加速状态偏差的衰减,这将使控制的动静态性能得到很好的改善。

9.1.3 直流侧电压的简单自适应控制

采用简单自适应控制的单位功率因数三相桥式整流电路的结构框图如图 9.4 所示。图中,直流侧电容电压与其给定值 U_{dc}^* 比较后的误差作为基于二次型性能指标的简单自适应控制的输入,SAC 控制器的输出即为有功损耗信号 p_w,对双向开关的开关损耗以及直流侧电容的漏电损耗进行补偿,以维持直流侧电压的稳定;而且,当负载突变时,使直流侧电压的响应速度快。p_w 与电网电压、负载电流一起,经最优参考补偿电流计算器产生参考补偿电流的指令电流。再经滞环电流控制器,产生双向开关(S_a、S_b、S_c)的开关信号,控制单位功率因数三相桥式整流电路中的三个双向开关。

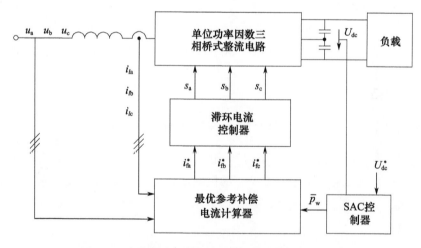

图 9.4 直流侧电压的简单自适应控制的结构框图

9.2 仿真与实验

根据图 9.4 所示直流侧电压简单自适应控制的结构图,在 MATLAB 中建立了仿真系统,所有系统参数均与第 7 章的参数一致。对仿真系统进行了仿真与实验研究,其结果如下:

9.2.1 负载增加时的情况

图 9.5 所示是由负载扰动所引起的单位功率因数三相桥式整流电路的输出功率由额定功率的 100% 突加到 150% 时,整流桥直流侧电压的变化曲线。$t=0.26\text{s}$ 时,负载发生突变,在这之前,整流桥处于稳定工作状态。图 9.5(a)是采用传统 PI 控制器时直流侧电容电压的暂态响应情况,图 9.5(b)是采用简单自适应控制结构时直流侧电容电压的暂态响应情况。

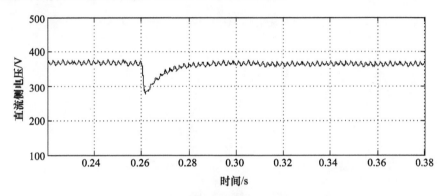

(a) 传统PI控制器控制时直流侧电压的响应

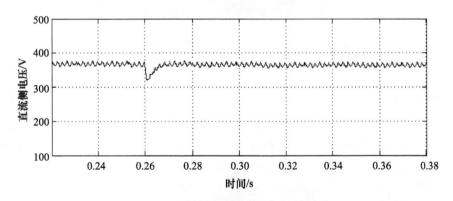

(b) SAC控制器控制时直流侧电压的响应

图 9.5 负载增加时直流侧电压的响应

图 9.6 所示是由负载扰动所引起的单位功率因数三相桥式整流电路的输出功率由额定功率的 100% 突加到 150% 时,电网电流的变化曲线。$t=0.26\text{s}$ 时,负载发生突变,在这之前,整流桥处于稳定工作状态。图 9.6(a)是采用传统 PI 控制器时电网电流的暂态响应,图 9.6(b)是采用简单自适应控制结构时电网电流的暂态响应情况。

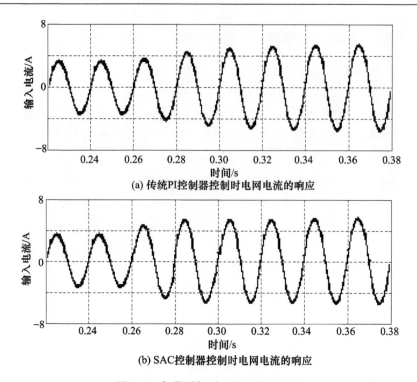

(a) 传统PI控制器控制时电网电流的响应

(b) SAC控制器控制时电网电流的响应

图9.6 负载增加时电网电流的响应

9.2.2 负载减小时的情况

1. 仿真

图9.7所示是由负载扰动所引起的单位功率因数三相桥式整流电路的输出功率由额定功率的150%突然减小到100%时,变换器直流侧电容电压的变化曲线。$t=0.26s$时,负载发生突变,在这之前,整流桥稳定工作。图9.7(a)是采用传统PI控制器时直流侧电容电压的响应情况,图9.7(b)是采用简单自适应控制结构时直流侧电容电压的响应情况。

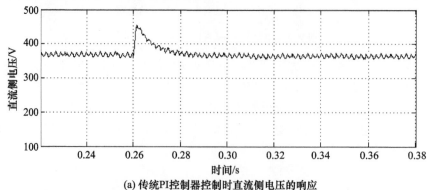

(a) 传统PI控制器控制时直流侧电压的响应

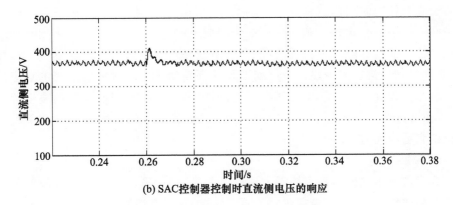

(b) SAC控制器控制时直流侧电压的响应

图9.7 负载减小时直流侧电压的响应

图9.8所示是当负载减小时,相应的电网电流的响应情况。图9.8(a)是采用传统PI控制器时电网电流的响应,图9.8(b)是采用简单自适应控制时电网电流的响应。

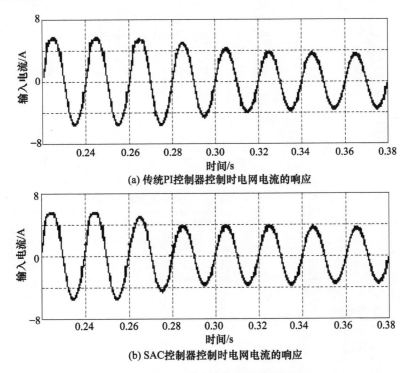

(a) 传统PI控制器控制时电网电流的响应

(b) SAC控制器控制时电网电流的响应

图9.8 负载减小时电网电流的响应

由图9.5~图9.8可以看出,采用简单自适应控制时,直流侧电压和电网电流的响应速度比采用传统PI控制时要快,过渡过程较短。直流侧电压与电网电流都会在较短的时间内达到新的平衡状态;采用 PI 控制时,直流侧电压大约在 0.02s 恢复到稳态,电网电流也需要 3 个周期才能达到新的稳态;而采用基于改进的二次性能指标的简单自适应控制时,直流侧电压仅需要 0.01s 就可以恢复到稳态,电网电流也只需要 1 个周期即可达到新的稳态。直流侧电压的响应超调也较小。因此,与常规 PI 控制器相比,利用所提出的控制方法控制直流侧电压,能更好地改善整流桥的动态响应特性。当负载发生突变时,整流桥仍然具有很好的自适应能力。

2. 实验

为了进一步验证所提出控制方法的有效性,根据图 9.4 直流侧电压简单自适应控制的结构图,在实验室建立了原理样机,并利用基于改进的二次性能指标的简单自适应控制方法,控制其直流侧电压。

图 9.9 和图 9.10 所示为负载扰动的情况下,样机的输出功率先由额定功率

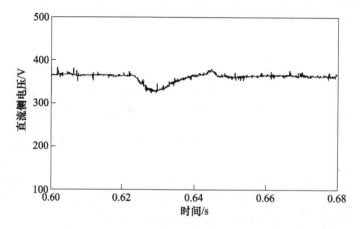

图 9.9 常规 PI 控制时,样机直流侧电压的响应

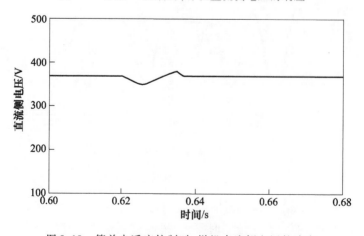

图 9.10 简单自适应控制时,样机直流侧电压的响应

的100%突加到150%,又回到100%时,常规PI控制器控制和简单自适应控制器控制直流侧电压时,直流侧电压的响应情况。这些图形均由测试软件dSPACE建立的虚拟仪表测得。

负载在0.62s时发生突变(增加到额定功率的150%),0.63s又回复到以前的值(额定功率的100%)。在0.62s之前,整流桥工作在稳定工作状态。可以看出,在所提出的控制策略下,负载发生突变时,直流侧电压可以在很短的时间内达到新的稳态值(简单自适应控制时,需要0.018s恢复到稳态;而常规PI控制时,则需要0.03s才能恢复到稳态),且超调较小。

图9.11和图9.12所示为负载扰动的情况下,相应的输入电流的响应。

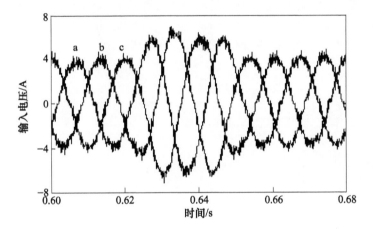

图9.11 常规PI控制时样机输入电流的响应

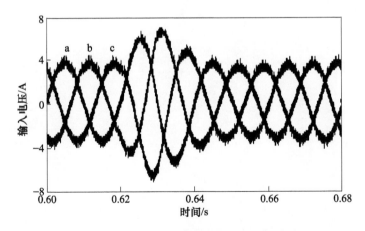

图9.12 简单自适应控制时样机输入电流的响应

同样可以发现,与常规PI控制器相比,采用基于二次性能指标的简单自适应控制器控制直流侧电压时,对由负载突变所引起的干扰,输入电流的调节及时,很快达到了新的稳态值。当负载突变时,变换器仍然具有很好的自适应能力。避免了 PI 控制器,负载变化时性能变坏的缺点。

参考文献

[1] SOBEL K. Direct adaptive control algorithms theory and applications[M]. 2nd. New York: Springer Press, 1998.

[2] RITONJA J, DOLINAR D, GRCAR B. Combined conventional – adaptive power system stabilizer[C]//Proceedings of the International Symposium on Electric power engineering and power systems. Stockholm: 1995, 441 – 446.

[3] 张少如, 吴爱国. 基于简单自适应控制的电力系统稳定器[J]. 电工技术学报, 2006, 21(9): 63 – 66.

[4] ZHANG SHAORU, LUO F L. An improved simple adaptive control applied to power system stabilizer[J]. IEEE Transactions on Power Electronics, 2009, 24(2): 369 – 375.

内 容 简 介

本书是一部较为全面阐述有限容量电力系统三相桥式整流电路功率因数校正技术的著作,旨在通过多种控制手段,实现有限容量电力系统功率因数校正,减小电网谐波。全书共9章,分别介绍了功率因数校正技术及谐波,有限容量电力系统谐波特性,单位功率因数三相桥式整流及其低频控制、滞环电流控制、变滞环宽度的电流控制、基于功率平衡理论的控制及综合考虑各项指标的控制方法、直流侧电压的简单自适应控制等内容。

本书适合从事有限容量电力系统研究、设备研发、工程建设和运行管理等相关领域的科技工作者阅读,也可供高等院校电力系统及其自动化专业的教师、研究生和高年级本科生参考。

This book is a comparatively comprehensive research work on the power factor correction techniques of three – phase full – bridge rectifier in limited capacity power system. It aims to achieve power factor correction for limited capacity power systems, reduce grid harmonics, and improve equipment combat capabilities through a variety of control methods. The book has 9 chapters, which introduces power factor correction techniques and harmonics, harmonic characteristics of limited capacity power systems, unit power factor three – phase full – bridge rectifier and its low – frequency control, hysteresis current control, current control with variable hysteresis band, control based on power balance theory, and control methods taking into account various indicators, simple adaptive control of DC – side voltage.

This book is suitable for scientific and technical workers who are engaged in related fields such as limited capacity power system research, equipment research and development, engineering construction and operation management. It can also be used as a reference for teachers, graduate students, and senior undergraduates of power system and automation majors in higher education.